超インフラ論

地方が甦る「四大交流圏」構想

藤井 聡
Fujii Satoshi

PHP新書

はじめに

わが国のあらゆる問題の根幹には、「インフラ不足」がある。

日本経済の低迷も、地方の疲弊も、東京一極集中の問題も、煎じ詰めれば結局は、リニアや高速道路、パイプラインなどの「インフラ」（インフラストラクチャー＝下部構造）が不十分だからこそ起きている問題だ。

しかしこの意見に対して「まさにその通り」と即座に賛同する者はほとんどいないのが、今の日本の現状だ。

インフラなんて「先進国」である日本にはもう十分に整っているし、日本が疲弊しているのは、改革が足らなかったりイノベーションが不十分だったりするのが根本的原因だ、というのが平均的な国民のイメージだ。

しかし、そういうイメージは、**完全に間違っている。**

基本的なインフラが無ければ、どれだけ制度をいじったところで地方の疲弊は止まらないし、経済成長も限定される。これは、あらゆる社会科学の理論や実際のデータが一貫して示している「真実」だ。例えば、どれだけドライビングテクニックが一流でも、クルマがボロボロだったらどんなレースにも勝ち目はない。それと同じ話だ。

本書『超インフラ論』ではまず、そんな「真実」を一つ一つ解き明かしていく。

アダム・スミスもカール・マルクスも、交通インフラこそが経済の繁栄にとって必要不可欠であることを徹底的に論じていた。

実際のデータを見ても、新幹線が都市の活力に甚大な影響を及ぼしてきたことは明々白々だし、高速道路がその周辺地域の産業の発展に抜本的な影響を及ぼしてきたこともまた明白だ。

そして誠に残念なことに、欧米諸外国と比べてみれば、日本のインフラは先進国というよりもむしろ、後進国と言わざるを得ない水準にあることも一目瞭然だ——。

つまり、マスメディア上で日々繰り返されているインフラに否定的な言説の多くは、**たんなる「デマ」の類《たぐい》に過ぎない**のである。

筆者はこうした「事実」が広く知られ、わたしたちの社会を支える「インフラ」が、じつはわたしたちの社会と経済の有り様を決定づけているという「真実」が常識になった時、地域創生やデフレ脱却、はては財政再建が一気に果たされるに違いないと確信している。

本書『超インフラ論』はこうした確信の下、地方、そして日本全体を再生するために、インフラを巡るわたしたちの「常識」を乗り「超」えるために書かれた一冊である。

日本の未来について、出口の無い閉塞感を日々感じ続けている方々にこそ、是非、本書を手に取っていただきたい。そんな状況を打破する鍵が、じつはこれまで否定し続けてきた「インフラ論」にこそあったのであり、それこそが「真実」なのである。

万一私たちが、適正かつ理性的なインフラ論をこれ以上避け続けるとすれば、日本を覆う閉塞感が晴れることは二度となくなり、地方が一つ一つ消滅していくこととなろう。

本書がそうした悪夢を打破する契機とならんことを、心から祈念したい。

超インフラ論——地方が甦る「四大交流圏」構想——　目次

第二章 日本はもはや「後進国」である

第二部　超インフラ論——具体論——

第五章　なぜインフラで地方は再生するのか　135

第六章

「東京一極集中」を終わらせる「大大《だい》阪構想」 159

～四国・北陸・山陰と関西を一気に発展させる国家プロジェクト～

第八章 地域の絆を強める「ソフト・インフラ」を育む

第一部

超インフラ論——総論——

第一章

既成概念を超えた「超インフラ論」

◆あきらめムードに覆われた現代日本

今、多くの国民は、日本の将来に対して漠然とした不安を抱いている。

これから少子高齢化がさらに進んで、人口は減っていく。

社会保障はさらに必要なのに、国の借金はますます膨らむばかり。

そんな中、景気は落ち込む一方で、とりわけ地方の疲弊は目を覆うばかり。

挙げ句に、数多くの自治体で人が住まなくなって「地方消滅」などとも言われる始末。

しかも、東日本大震災以降、あちこちで火山の噴火や地震が頻発している。いつ大地震が起こってもおかしくない状況。

インフラの老朽化も酷《ひど》い状況で、いつどこで橋が落ちたりトンネルが崩れても仕方ないようにもなっている。

だから、早急に効果的な対策をとらないといけない。

けれど——今や、政府にはおカネがない。

国の借金は一〇〇〇兆円を超えてしまい、どうにもこうにも首が回らなくなってしまっている。

だから私たち日本は今、本当にどうしようもない状況に置かれているのに、有効な手立てを打つことができない。このままジリジリとダメになっていく状況を受け入れるしかない――。

日本中が今、こうした陰鬱《いんうつ》な空気に覆われている。

つまり、今の日本人は、明るい展望を皆で共有していた昭和時代のような雰囲気とは打って変わって、暗雲立ちこめる閉塞感とあきらめムードに覆い尽くされているわけである。

◆「藁にもすがる思い」を集めて躍進した維新の党

しかし、と言うべきか、だからこそ、と言うべきか、そんなムードの中、

「そんな閉塞感を打破するためには、抜本的な改革が必要だ！」

と叫ぶ人々が、雨後の竹の子のように現れてくる事態に至っている。

例えば、そういう雰囲気の中で生まれてきたのが、橋下徹氏率いる「維新」勢力が声高に叫んだ「大阪都構想」という、

「過激な改革」

だった。

あきらめ感漂う人々にとって、「都構想」なるものが一体何ものなのかはよくわからないが、大変魅力的に見えたのだった。

どうせ何もやらなくたってジリジリとダメになっていくだけなのだから、ここは一発、そのよくわからない「都構想」なるものに賭けてみようじゃないか——大阪はひと頃、そんなムードに覆われていた。ほんの少し前の世論調査では、都構想賛成派が反対派に対してダブルスコア以上の水をあけるほどに、「都構想」は支持を集めていた。

しかし、住民投票が平成二十六年の暮れに確定して以来、その具体的な中身についての議論が世論でも始められたのだが、そうなった途端、それが完全な「張りぼて」であることが、様々な学者、専門家の指摘を通して明らかになっていった。

その具体的な議論がわからない読者は多かろうと思うが、じつは「都構想」とは名ばかりで、住民投票で可決されても大阪府は大阪府のままで名前は何も変わらないし、よくよく調べれば大阪市民の財源は数千億円という単位で府に吸い上げられるという実態も明らかになった。挙げ句に、大阪市は廃止されて五つの小さな自治体に分割されるだけだ、という実態も明るみに出た。

つまり、都構想なるものは、それが、

「過激な改革」

であるという点だけは間違いなく事実ではあったものの、肝心要《かなめ》の、その改革によって大阪が豊かになるということについては、万に一つもありえない——という代物だということが暴かれてしまったのである（詳しくは、拙著『大阪都構想が日本を破壊する』〈文春新書〉をご覧いただきたい）。

こうした「実態」の議論が、住民投票の数カ月前から一気に大阪市民に広まっていったことで、都構想はようやくギリギリで否決された——それが、都構想の住民投票の実態であった。

この結果は逆に言うなら、中身が全く何も伴わないような代物でも、それが、

「改革」

でありさえすれば、もうそれだけで、閉塞感に覆われた「藁《わら》にもすがる思い」の大衆世論が大きく支持する、ということを示している。

これはもう、一種の精神的病理だ。

言うなれば今の日本人は、「改革病」に冒されてしまっているのである。

◆「改革病」に冒された日本人

もちろん、この「都構想」騒動は、この改革病の一症例に過ぎない。

バブルが崩壊し、日本全体が「閉塞感」に覆われ始めた九〇年代初頭以降、日本は、何度も何度も同様の病を発症させている。九〇年代後半の橋本内閣における「行政改革」、二〇〇〇年代の小泉内閣における「構造改革」、そして二〇〇〇年代後半の民主党政権による「事業仕分け」も似たような構図にあった。

その構図とは、次のようなものだ。

第一に、今の日本の閉塞感の原因は、**「既得権益」**が、不当に利益をすすり続けているからだと想定する。いわゆる「シロアリ」という奴だ。そして第二に、その「既得権益」を「ぶっ壊す」ことを通して、その利益を国民に還元させる――これが「改革病」の基本的な構図である。

しかし、橋本改革、小泉改革、民主党の事業仕分け――どれ一つとっても、その「改革」は成功をもたらしてはいない。

バブル崩壊以降、橋本改革途上にデフレ不況に突入し、それ以後、どれだけ改革を重ねても、デフレ脱却など達成できてはいない。デフレ脱却どころか、それらの改革を通して、あらゆるものが「自由競争」にさらされ、非正規雇用者が増え、おびただしい数の中小企業が倒産し、地方都市では「シャッター商店街」が広がり、デフレはより深刻化してしまった。

だから普通に考えればもうこれ以上、くだらない改革なぞやめてしまえばいいのだが——

残念ながらそうはならない。彼らは性懲《しょうこ》りもなく、こう繰り返す。

「まだまだ、改革が足りない！　もっと改革すれば、いい時代が来る！」

かくして、改革の失敗が明らかになればなるほどに、より過激な改革が重ねられていくのである。

何とも愚かしい話だ。湿疹ができたからといって、掻《か》き続ければ治るというものではない。それどころか掻けば掻くほど症状は余計にひどくなり、もっともっと掻きたくなってしまうのだ。

◆「インフラ論」こそ、国を立て直す「王道」である

では、やはりこの閉塞感を打破することはできないのか、「消滅」する地方を立て直す方法なぞ、存在しないのか——。

否。断じてそうではない。

「改革」などという「奇策」「劇薬」に頼らずとも、地方を立て直し、日本を活性化する方途はいくらでもある。

そもそもどんな時でも、袋小路に追い込まれた時は、基本を思い起こせばいい。プロ野球の選手がスランプに陥った時、会社の経営が傾き始めた時——そんな時は、野球の王道、経営の王道を思い起こすほかない。急がば回れ、やみくもに一発逆転の奇策を狙い続けることをやめ、しっかりと**基礎体力**をつけ、野球や経営の基本に立ち返り、じっくりと状況を改善していく方途を探るのが、最善の対策だ。

国が傾きかけた時も、政治の王道を思い起こせばいいのだ。

その王道とは何かと言えば、「インフラ」論だ。

インフラとは、英語で言う**インフラストラクチャー＝「下部構造」**。社会、経済、行政を下から支えるもの全てを意味する。わたしたち、日本の最大のインフラとは、つまり「国土」だ。我々は、この国土に様々に手を加えて、都市をつくり、地域をつくり、道や鉄道や港をつくり、暮らしている。この「国土づくり」「地域づくり」「街づくり」こそが、政治の王道なのであり、それをどうつくるかを考えるのが「インフラ論」だ。

現代の日本人にとって、政治の王道が「インフラ論」であるという意見それ自身、にわかに信じがたいと思われるかもしれない。

しかし、国や地域が傾き始めた時、それを立て直すには、国や地域が拠《よ》って立つ「下部構造＝インフラ」を立て直すのは、王道中の王道なのだ。実際歴史をひもとけば、あらゆる成功した為政者は古今東西を問わず、「インフラ論」を最重要課題に掲げ続けてきたのだ。

例えば、戦国時代に天下統一の足掛かりをつくった織田信長が何よりも大切にしたのが

「農業」であり、田畑をつくり農業用水を整えるための「農業インフラづくり」だった。尾張の国が、武将同士の激烈な競争の中で勝ち上がっていくためには、どうしても国としての基礎体力が必要だったのであり、そのためには地域産業インフラが必要不可欠だったのだ。

明治政府が西洋列強と闘うために徹底的に推し進めたのも、国土づくりのためのインフラ政策だった。東京と大阪の間に鉄道をひき、港をつくり、工場をつくった。当時の日本にはそれがあったからこそ、先進国の一つとして貿易や軍備を進めることができたのだ。

ローマ帝国があれだけの強大な国力を保つことができたのも、平定した地域とローマとの間を結びつける道路を徹底的に整備したからであることはよく知られた史実だ。「全ての道はローマに通ず」という諺《ことわざ》は、ローマ帝国の道路政策がもたらしたものだ。

この現代においてすら、二十一世紀の超大国「中国」は、国内のインフラ投資に躍起になっている。全国各地を高速道路と高速鉄道＝新幹線で結びつけ、グローバル化に対応するための巨大な空港、巨大な港湾の整備を進めている。その整備水準は、完全に日本を凌駕《りょうが》している。

さらに今、中国では、グローバル戦略の一環として「ＡＩＩＢ」の設立とその勢力拡大を進めていることは、多くの読者も知っているだろう。このＡＩＩＢとは、まさに「**アジアイ**

ンフラ投資銀行」だ。つまり、中国は今、グローバル戦略を進めるにあたって、各国のインフラ政策を牛耳ることを通して、世界的影響力を確立しようとしているのである。中国は、インフラ論こそが政治の要諦、王道であるという基本をしっかりと国策の中心軸に据えているのである。

◆アダム・スミスもマルクスもインフラ論を説いた

このように「インフラ政策」が、歴史上「国の繁栄」において根幹的役割を担い続けてきたことは、否定しがたい事実なのである。ただしそれと並行して、経済学や社会学などの「社会科学」の根幹でも、「インフラ論」は、最重要テーマの一つとして位置づけられてきたことを忘れてはならない。

こう言っても、現代の経済学に慣れ親しんだ読者には、少々違和感があるだろう。日経新聞を読んでも、経済雑誌を読んでも、インフラ論が論じられることはほとんどなく、もっぱら自由貿易の話や規制改革の話ばかりで、紙面・誌面が埋め尽くされているのが実態だからだ。

しかし、「真理」「真実」と「世間的流行」とは無関係だ。**世間に間違った認識が広まって**

「割烹着」しまうことなど日常茶飯事だ。例えばＳＴＡＰ細胞だって、一時は皆が賞賛し、なぞがもてはやされたのは記憶に新しいではないか。

そもそも「歴史」の中で、インフラがそれぞれの国の繁栄を導いてきた事実が様々に重ねられている以上、その事実を反映できていない現代の（主流派の）経済学こそが、大きな問題を抱えている疑義が濃厚なのだ。

実際、例えば、近代経済学の祖・アダム・スミスの『国富論』においても、交通は重要な要素として理論的に定義されている。その国の豊かさ、つまり国富を規定する「生産性」は、交通の利便性にかかっているのであり、したがって、「交通インフラ」こそが、その国の豊かさ、ひいては国民の幸福を規定している、と論じているわけである。

もう一人の経済学の巨人、カール・マルクスはさらに、彼の初期的な著作の中で交通インフラの重要性を包括的に論じている。彼はまず、我々の社会、経済、文化、言語、宗教などのあらゆる**「上部構造」**（**スープラストラクチャー**）は、その**「下部構造」**（**インフラストラクチャー**）に依存していると論じた。そして、そのインフラストラクチャーの中でも、とりわけ重要なものとして**「物質的交通」**を論じている。つまり、交通インフラの有り様が、人々の「交流」すなわち、「コミュニケーション」のあり方を規定し、その人々の交流・コミュニケーションの有り様によって、ありとあらゆる上部構造（社会、経済、文化、宗教など）が決定されていく、と論じたわけである、

さらに、日本の一般社会ではさほど有名ではないが、ドイツ歴史学派の先駆者である、もう一人の知の巨人、フリードリッヒ・リストもまた、交通の重要性を社会科学的に徹底的に論じた人物だ。彼は交通インフラの整備を通して、異なる文化、共同体同士が「統合」されていき、民族の統一、国家の統一が果たされ、それを通して、国民経済が飛躍的に拡大していくことができるであろうことを論じた。

実際彼は、彼自身の理論に基づいて、十九世紀当時まだ統一されていなかったドイツを統一すべく、鉄道網の建設を指導的に論じ、ドイツの躍進に大いに貢献したのだった。いわば、今日のドイツの繁栄の礎を築いたのは、リストの「交通論」だったのである。

最後にだめ押しで、この人物の言葉を引用しておこう。リストとほぼ同時代のドイツを生きた、欧州きっての知の巨人、ゲーテの言葉だ。

『「ドイツが統一されないという心配は、私にはない。」とゲーテはいった、「立派な道路ができて、将来鉄道が敷かれれば、きっとおのずからそうなるだろう。しかし、何をおいて

も、愛情の交流によって一つになってほしい。つねに、外からの敵に対して団結してほしいものだ」。』（エッカーマン『ゲーテとの対話（下）』山下肇訳、岩波文庫、二三五ページ）

つまり、交通インフラは、人と人との交流、コミュニケーション、さらには「愛情」の交流を促進し得るのであり、経済を飛躍的に拡大させると同時に、国民の統合を果たし、その国を真に強い国に仕立て上げていくのである。

◆まっとうな「インフラ論」を避け続けてきた日本

このように、歴史的な事実を振り返っても、様々な知の巨人たちの言葉を振り返ってみても、その国や地域を立て直し、豊かにしていくためには、インフラを蔑《ないがし》ろにせず、その有り様を真面目に論じていくことが何よりも大切なのだ、という結論を導くことができるのである。

ところが残念ながら、現代の我が国日本ではこういう**歴史の常識、世界の常識が全く通用しない。**

疲弊した地域の立て直し、凋落《ちょうらく》し始めた国際競争力の立て直しのために「インフラ論」を論じ始めれば、すぐに持ち出されてしまうのが、「改革病」に冒された人たちのセリフだ。

やれ、

「既得権益」

だの、やれ、

「シロアリ」

だのという議論が、まじめなインフラ論にかぶせられてしまい、世界中の国々が当たり前のように日々繰り返しているインフラ論を始めることができなくなってしまうのである。

そもそも「インフラ論」とは、**できあがったインフラが、例えば地域間競争や国際競争にとって必要だという話**だ。

それを誰が工事するのかとか、誰が発注するのかという話とは**無関係**だ。ところが、「改革病」に冒された人々は、「インフラ」の話を耳にするとすぐに、

「それって、どうせ建設業者がボロもうけするだけの話なんだろ」

「腹黒い政治家が、その利権に（シロアリのように）群がってくるんだろ」

といった話にすり替えてしまうのである。

筆者はこれまでにインフラについてのテレビの討論番組等に出演する機会が度々あったが、こういった「話のすり替え」が行われてしまう場面に何度も遭遇している。

たしかに一般の国民にしてみれば、真面目なインフラ論よりも「シロアリ論」の方が刺激的で、わかりやすい。

だから、そういう「話のすり替え」をした方が、テレビ受けはいい。

しかしそんな一時《いっとき》の刺激のために、真面目な（そして日本と地方の再生のために必要な）インフラ論が一般の国民の耳に届かなくなってしまうのは、誠に残念な話である。

◆「利権問題」にすり替えられ続けた「インフラ論」

実際、筆者はこれまで、様々な形でインフラ論を展開してきたが、それに対するメディア上の識者たちの反応は激しいものであった。ここではその実情をご紹介するべく、僭越《せんえつ》ながら筆者に対して公言されてきた様々な非難を一つ一つ振り返ることを通して、これまでのインフラ論がいかにあからさまな「シロアリ論」にすり替えられてきたのか、を紹介したいと思う。

例えば、元テレビアナウンサーの辛坊治郎《しんぼうじろう》氏は、あるラジオ番組で、

「内閣の参与に入っているので、京都大学の藤井聡ちゅうのがいて、このおっさんは元々国交省のまぁ言やあ、御用学者の大先兵みたいな人だから、あの人の頭の中にあるのは、既存のメンテじゃなくて新しいものをつくれつくれ」（っていうだけである）

と発言されている。しかし、インフラのメンテナンスの議論は、筆者の主要な主張の一つだったのだが（例えば、拙著『公共事業が日本を救う』〈文春新書〉を参照されたい）、その点については全く考慮の外に置いているようである。しかも当方が御用学者（つまり、特定の勢力から「利益」「利権」を得るために、実際には正しいとは思ってもいない理屈を口にする学者）である根拠については、彼はもちろん何も示してはいない。

あるいは元経済産業省の官僚で、現在慶応大学大学院教授の岸博幸氏は、筆者の「新幹線ネットワークが日本のナショナリズムに大きく関わっている」という議論（拙著『新幹線とナショナリズム』〈朝日新書〉参照）に対して、同じくあるラジオ番組で、

「俺、こういう議論嫌いなんっすよ。っていうか、この藤井聡っていうおっさん嫌いなんっすよ。国土強靭化構想で公共事業をいっぱいやるべきだ、って担いでいるおっさん」（である）

と発言している。好き嫌いはもちろん個人の自由なのだが、巨大地震対策やインフラの老朽化対策のために、現在安倍内閣が最重要国家プロジェクトの一つとして進めている国土強靭化は、インフラ論のみならず防災教育やBCP（事業継続計画）、リスクコミュニケーションといった様々なソフト施策が主要な柱となって構成されている、という事実を完全に無視しておられるようである（例えば、拙著『レジリエンス・ジャパン』〈飛鳥新社〉、『巨大地震X《メガクエイク》デー』〈光文社〉を参照されたい）。しかも、筆者が、先に引用したゲーテやリストといった先人たちの主張と軌《き》を一《いつ》にする論理に基づいてナショナリズムとインフラとの関連を語っているという点についても、考慮する必要性を感じておられないようでもある。

あるいは、元産経新聞ロンドン支局長の木村正人氏は、大阪都構想の住民投票の投票日の直前に、ネットジャーナルBLOGOSの『京大・藤井教授が橋下市長に反対する「分かりやすすぎる理由」』という記事の中で、その「分かりやすすぎる理由」として論じていたのだが、要するに「大阪都構想になれば公共事業が削られるから、それを阻止するために藤井は大阪都構想に反対しているのだ」というものだった。つまり木村氏もまた、辛坊氏と同様に、当方の言論活動は、結局は、私的な「利権」を得ることを動機としているものと論じているわけである。ただしもちろん、そのための理性的根拠は示されてはいない。

◆インフラは、景気停滞や人口減少をも解決する

つまり、どれだけ真面目にインフラについて語ろうとも、それはどうせ利権を得るためのものなのだという「シロアリ論」に「すり替え」られてしまうということが、ここ最近の我が国のメディア上では様々な識者たちによって繰り返されてきたのである。

しかも、彼らの特徴は、「シロアリ論」へのすり替えにあたって、具体的な根拠を挙げることは決してしない、という点にある。つまり彼らはどうせインフラ論は利権のためだけのものに違いない、という単なる臆測を「断定的」に論ずるわけである。

しかし、いわゆる「詭弁《きべん》」に関する基本的な論理学に照らし合わせてみれば、そうした議論はいずれも**悪質な「デマ」であると言わざるを得ない**。なぜなら、「全てのインフラ論」が利権のためであるという彼らの主張を正当化するためには、その根拠を挙げる義務がある

一方、その義務を完全に放棄しているからだ。いわば彼らの振る舞いは、特に根拠も示さずに「こいつは泥棒だ！」と叫ぶに等しいのである。詭弁に関する論理学に照らし合わせてみても、そして一般社会の社会通念に照らし合わせてみても、そういう言説は「デマ」と言わざるを得ない。

もちろん、筆者のインフラについての議論の「中身」についての反論であるのならば、建設的な議論を重ねていくことができる。しかし「中身」の議論の一切を無視し、ただただ「既得権益を守りたいだけ」「利権に群がりたいだけ」という「シロアリ論」にまみれたインフラ論を繰り返しているだけでは、刺激的な客寄せのためのメディアのネタになることはあっても、傾きかけた我が国を立て直すことなど、未来永劫できなくなってしまう。

デマに国家を立て直す力などあるはずはないのだ。

だから我々は今、マスコミ世論において、**シロアリ論にまみれた、既成のありきたりなインフラ論を「超」えていくことが、どうしても求められている**のである。それぞれの地域の基礎体力を増強し、日本の国としての力を増進させる、歴史的な為政者たちが皆取り組んだ真に骨太な王道中の王道としてのインフラ論を、**「超インフラ論」**として、正々堂々と語り始めることが、求められているのである。

そして、そうした王道中の王道のインフラ論を、真正面から語り始めることを通して、我が国ははじめて、デフレ不況や人口減少、そして、地方消滅といった暗澹《あんたん》とした将来の問題を全て、乗り「超」えていくことが可能となるのである。その意味において、超インフラ論は、既存のありふれたインフラ論を超えるのみならず、日本が抱えている本質的な諸問題を超える巨大な力を携えた議論なのである。

本書はそんな「超インフラ論」を様々な角度から論じていきたいと思う。

その皮切りとして、今の日本のインフラの状況を、次の章にて広い視野から改めて診断するところから始めたいと思う。

ただし——そうした視座から日本を眺めた時に、明らかになってしまう極めて残念な事実がある。それは、我が国はもはや、先進国とは呼べぬ国に成り下がっている、という事実である。以下、その内実を詳しく論ずることにしよう。

第二章

日本はもはや「後進国」である

◆日本は本当に「道路王国」なのか

現在、多くの国民は、今の日本は「成熟社会」であって必要なインフラはおおむね揃っており、これ以上のインフラなんて必要ないだろう、という気分を共有している。

ところが、そうした認識が実は、完全な事実誤認なのだ。

論より証拠。

本章ではまず、「超インフラ論」の皮切りにいくつかのデータを確認してみることにしたいと思う。そして、そうしたデータを見れば見るほどに、我が国は決して「先進国」とは、未だ言えぬ国なのではないか、という様子が見えてくることになる。

その中でもまずは、最もよく引き合いに出されるインフラである「道路」に着目してみよう。

ひと頃、日本は「道路王国」などとも呼ばれ、無駄な高速道路ばかりがつくられており、もうこれ以上道路をつくる合理性などない、というイメージが広まっていた。ところが、これは恐るべき「勘違い」だ。

まずは四二ページの図2―1をご覧いただきたい。これは、時速八〇キロ以上で走れる高速道路のネットワークだ。ご覧のように、東京には複数の高速道路が放射状に延びている。名古屋や大阪も、東京ほどではないにせよ、それなりの高速道路が整備されている。

しかし、日本海側地域には、ほとんど整備されていない。山陰や東九州、四国や紀伊半島、東北日本海側、北海道東部といった地域に至っては、全く整備されていない。

一方で、図2—2のイギリスをご覧いただきたい。日本とは比べ物にならないくらいの密度で、高速道路が整備されている。図2—3のアメリカに至っては、あの広大なアメリカ大陸には、さながら「碁盤の目」のように、文字通り縦横無尽に高速道路が整備されている。

そして極めつきが図2—4のドイツだ。リスト、ゲーテ、マルクスら先人たちの言に忠実に従うように、恐るべき密度で高速道路が整備されている様子がおわかりいただけよう。

もうこれだけで、日本の高速道路網が先進諸外国に比して圧倒的に「劣って」いることは明白だが、四四ページの図2—5や図2—6を見ればそれはさらに明らかになる。

自動車一万台当たりの高速道路の長さは、主要な先進諸外国中、文字通り最下位（図2—5）。そして、高速道路の車線数は、同じく諸外国の中でもっとも少ない（図2—6）。

これらの統計は、日本には大量の自動車がある一方で、高速道路は「長さ」の点でも「太さ（車線数）」の点でも圧倒的に、サービスレベルが低いことを意味している。

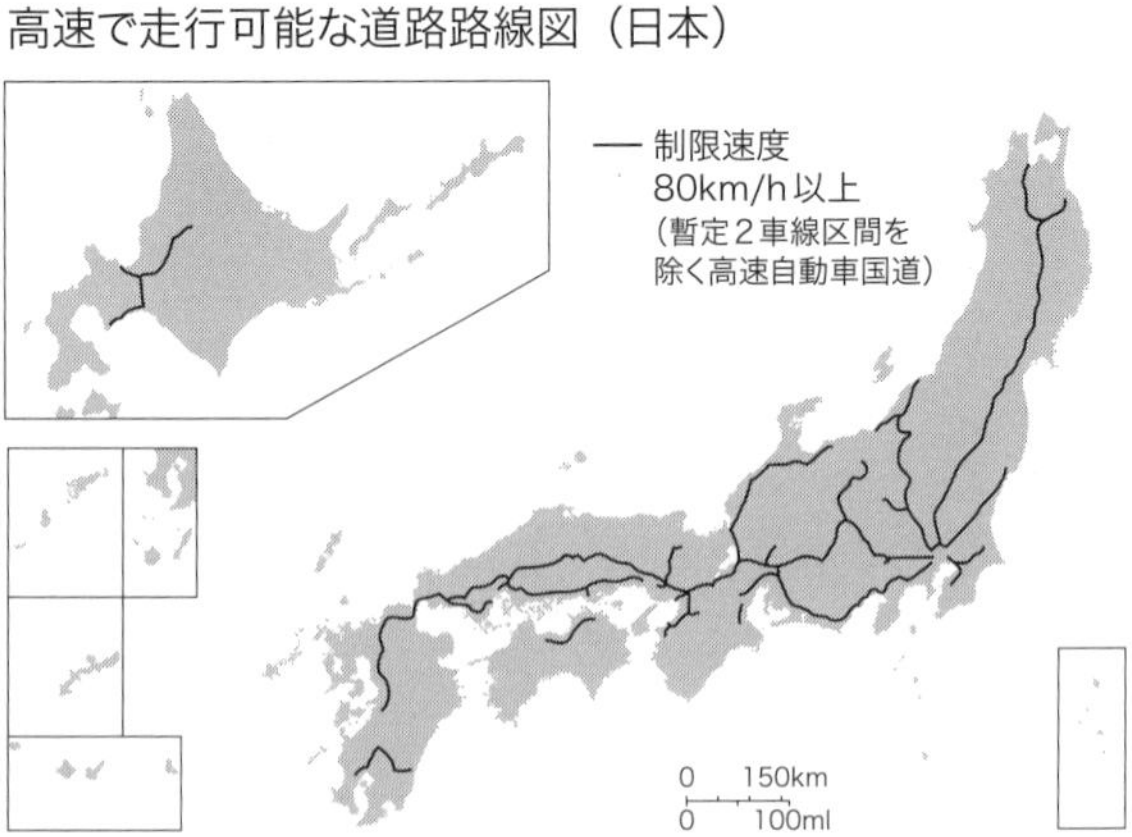

出典：日本道路公団：高速道路地図，1997　1998年現在

図2-1　高速道路（時速80キロ以上）のネットワーク（日本）

出典：（社）交通工学研究会：写真で見る欧州の道路交通事例集，1994.
Ordnance Survey (1998) Motoring Atlas of Great Britain　1996年現在

図2-2　高速道路（時速80キロ以上）のネットワーク（イギリス）

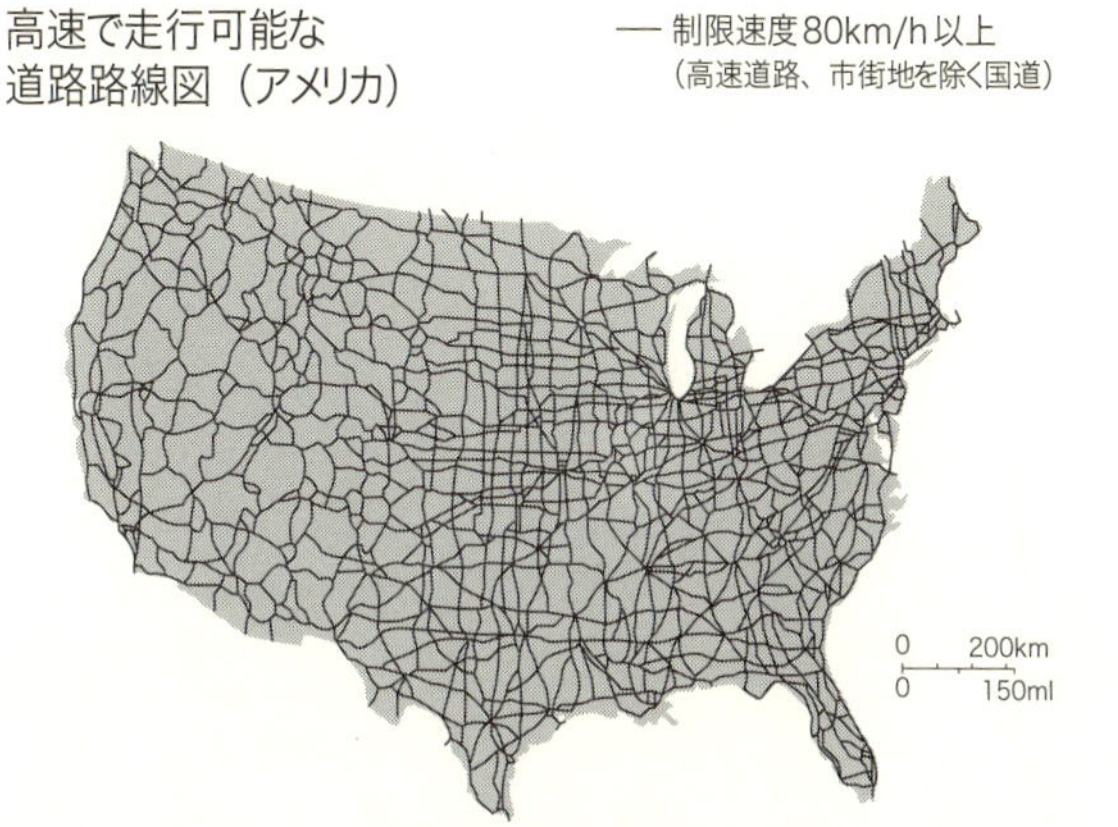

出典：（社）交通工学研究会：写真で見る欧州の道路交通事例集，1994.　　1998年現在
Rand McNally (1998)Road Atlas: United States, Canada, Mexico. Rand McNally,Chicago.

図2-3　高速道路（時速80キロ以上）のネットワーク（アメリカ）

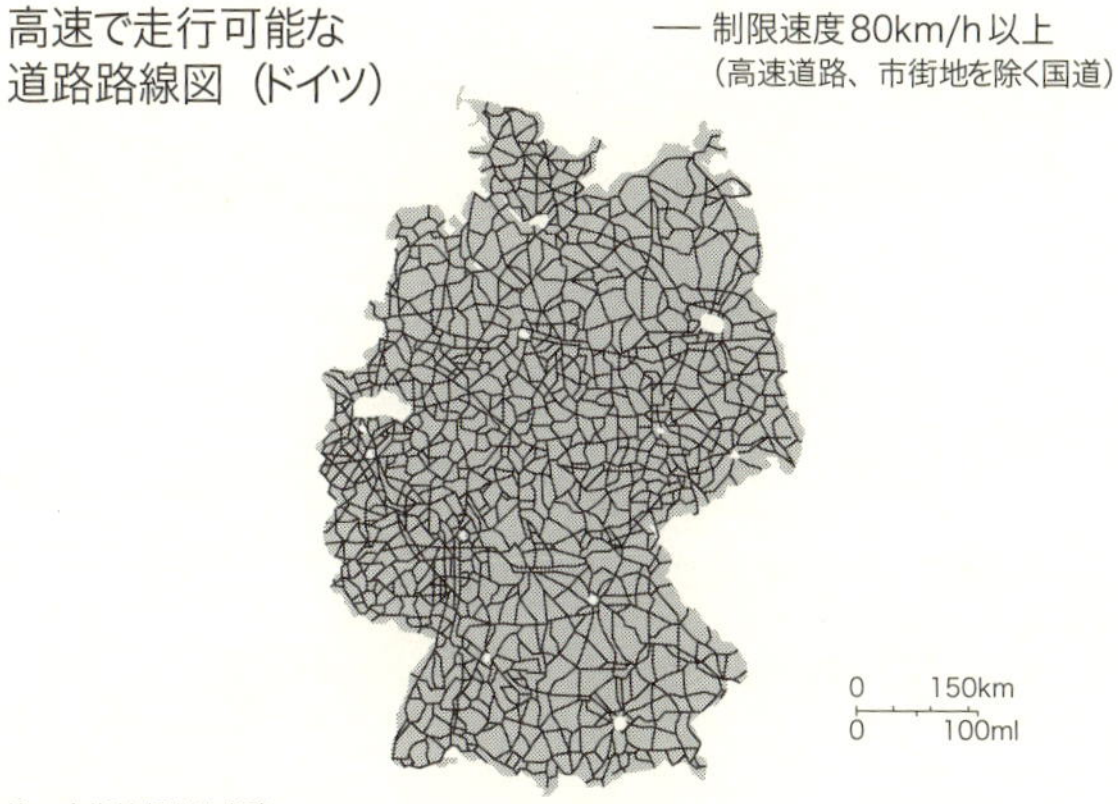

注：市街地部分は省略
出典：（社）交通工学研究会：写真で見る欧州の道路交通事例集，1994.
Mairs Geographischer Verlag Straus und Reise 1996/1997　　1996年現在

図2-4　高速道路（時速80キロ以上）のネットワーク（ドイツ）

図2-5　保有台数1万台あたりの高速道路延長

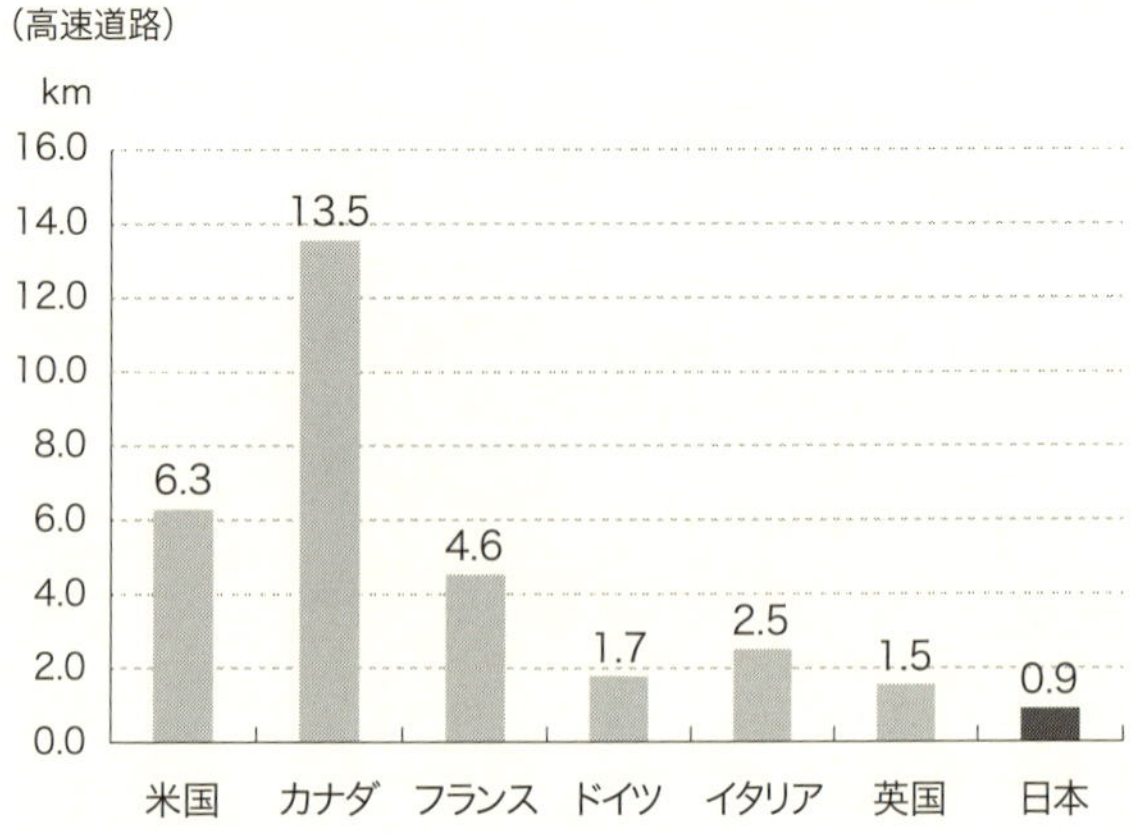

出典：『公共事業が日本を救う』（藤井聡著・文春新書）

図2-6　高速道路（規格の高い道路）の車線別延長の構成比

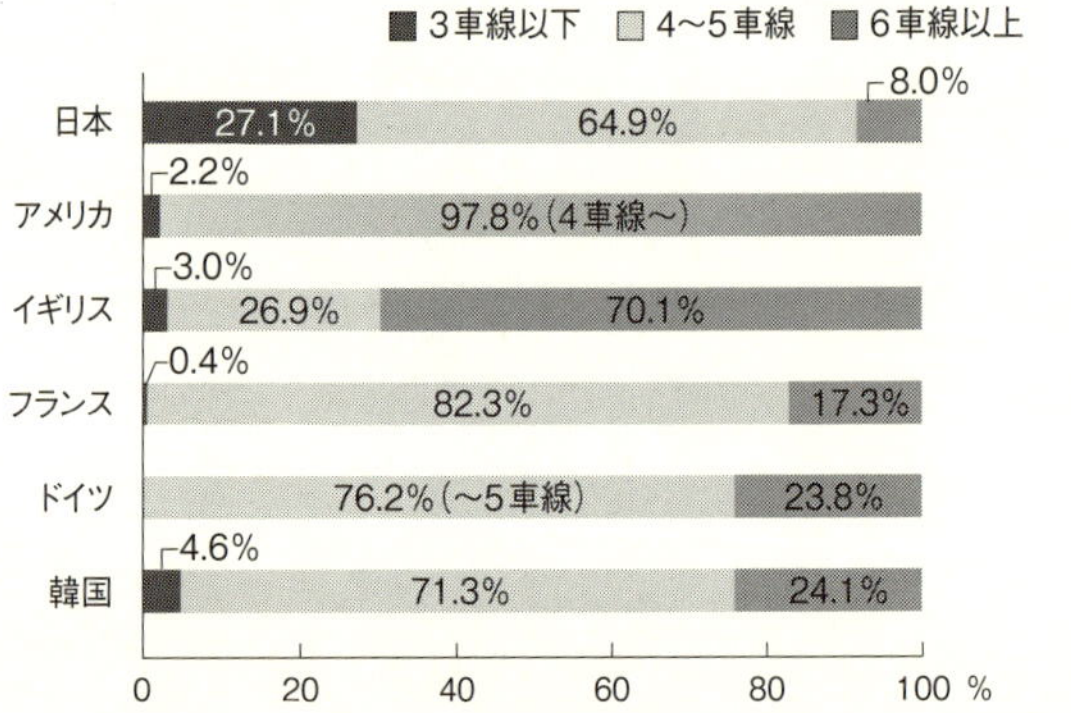

出典：日本…道路交通センサス　アメリカ…Highway Statistics
イギリス…Transports　Statistics Great Britain, Dft　フランス …Fact and Figures, SARATLAS
ドイツ…BMVBS（連邦交通建築都市省）　韓国 …韓国国土交通海事省統計「2008道路」
規格の高い道路の定義：日本…高規格幹線道路、都市高速道路　アメリカ…Interstate
イギリス…Motorway　フランス …Autoroute　ドイツ …Bundesautobahn　韓国 …Expressway

これらのデータは明らかに次の一点を示している。

すなわち、高速道路の整備レベルから言うなら、**「先進国」と言われている我が国日本は先進国とは到底言えない国**なのである。

◆日本は、今や新幹線先進国ではない

次に、もう一つの重要インフラ、新幹線について確認してみよう。

新幹線といえば、そもそも日本が開発した技術だ。だから、新幹線が最初にできた半世紀前、日本は文字通り、世界最先端の国だった。

そして当時の日本政府は、全国各地に新幹線を整備していくことを計画した。事実、昭和四十年代後半には、次ページの図2―7にあるすべての路線について、新幹線を整備することを閣議決定している。

日本はその後、この計画決定に基づいていくつかの路線を整備していったのだが、その整備速度は徐々にスローダウンし、計画路線のおおよそ「半分程度」しか整備されていないというのが現状だ。

そして今の日本には、この図2―7に示したように「二〇万人以上の人口を抱えているに

図2-7　新幹線の整備路線・計画路線と、新幹線未整備の20万人以上の都市

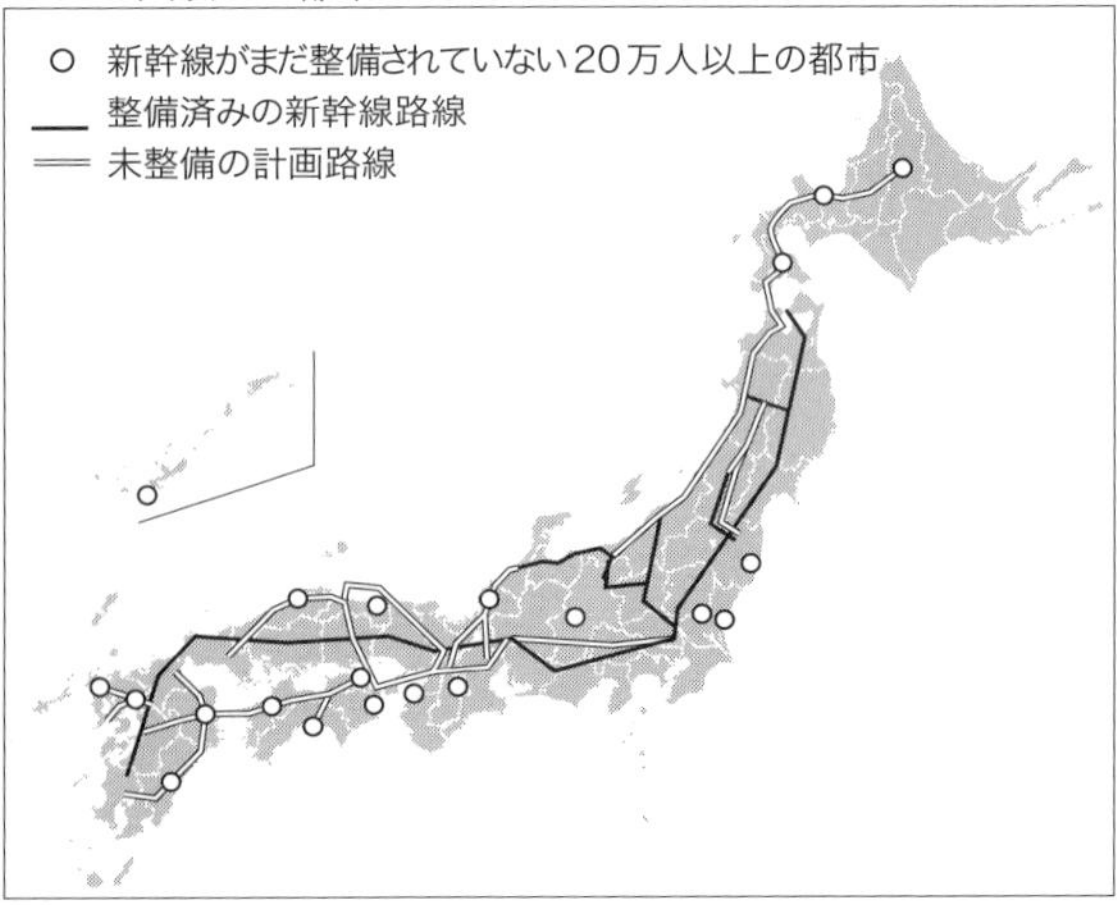

もかかわらず、新幹線が接続されていない都市」が全国に多数、存在する状況となっている。その数は実に二一。

とはいえ、今の風潮では、地方に新幹線をつくるのは「贅沢《ぜいたく》に過ぎる」「地域エゴだ」と思われてしまっている。ましてや、図2―7に示した新幹線路線を全部つくるなんて、ナンセンス、ありえない、と言われてしまうのがオチだ。

一方で新幹線の整備については、欧州勢は長らく日本の後塵を拝していたのだが、フランスやドイツは「日本に追いつけ、追い越せ」とばかりに、新幹線の技術開発を行い、全国で新幹線の整備を進めていった。

そして、二〇万人以上の人口を抱えたほと

んど全ての都市に新幹線を整備していった。結果、二〇万人以上の人口を抱えているものの新幹線が未だ整備されていない都市は、フランスではオルレアンとクレルモンフェランの二都市だけ、ドイツではケムニッツ、ただ一都市だけ、となっている（ちなみに、ドイツとフランスの人口を合わせれば、日本よりも多い）。日本では二一もの二〇万人以上の都市が未整備であるのに比べれば、雲泥の差となってしまっているのだ。

いずれにせよ、今や我が国日本は、新幹線整備の点から言って、世界最先端の地位から、とうの昔に凋落してしまったのである。

◆日本の都市交通は、二十年前とほぼ同じ

高速道路や新幹線といえば、都市と都市を結ぶ交通インフラだ。文字通り、国家の屋台骨なわけだが、日本が立ち遅れているのは、それだけではない。

日本がとりわけ先進諸外国から圧倒的に立ち遅れているのは、「都市内インフラ」である。

その象徴が「ＬＲＴ」（ライトレールトランジット）だ。

おそらくＬＲＴと言っても、耳にしたことがないという読者も多かろうと思う。しかしそれは、いわゆる先進諸外国ではじつに様々な街に導入されている「最新式の路面電車」だ。

多くの読者にとって路面電車といえば何やら古くさい乗り物で、地方都市で走っているところがいくつかある、という程度の認識ではないかと思う。実際、諸外国でもかつてはそのような認識だったのだが、二十世紀後半から「過剰なモータリゼーション」（自動車化）はかえって都市の活力を奪い、都市住民の暮らしの豊かさをむしばんでいる、という認識が急速に広まってきた。それと同時に、最新式の路面電車としてLRTが開発され、まちづくりの「切り札」として各都市に「自動車を追い出す」形で「LRT」の路線が道路上につくられていったのである。

そして次ページの写真2―8のように、賑《にぎ》わいのある街中を路面電車が走り、より多くの人々が街に集うようになり、それを通してさらに、路面電車が皆に利用されていく、という好循環が生まれるようになったわけである（この写真は、筆者が若い頃に留学していた、スウェーデンのイエテボリ――ヨーロッパでは極めて平均的な街の一つ――のものだ）。

ところが、我が国日本では、議論としてはLRTの導入とともに、脱・モータリゼーションをという議論が重ねられてきたのだが、その導入は、新幹線と同様、全くと言っていいほど進んでいない。

実際、手元の資料では、過去二十五年間でLRTを含む路面電車の新規路線がつくられた

写真２―８　路面電車がある賑わいある街の風景（スウェーデン・イエテボリ）

都市は、日本では富山ただ一つだけ（しかも、その新規路線も、既存路線を一部拡張したに過ぎない）。その一方で、アジアで九都市、アメリカ・カナダでは一四都市、西ヨーロッパではじつに二十七都市にものぼっている（次ページの図２―９）。

結果、最新式の路面電車であるＬＲＴは、アジアを含む諸外国の主要都市では、過去二十年の間に随分と走るようになっていったのだが、我が国日本では、時間が止まったように、二十年前と何ら変わらない状況が続いている。

そして、日本全国では、モータリゼーションの猛威の前になすすべもなく朽ち果ててしまった、写真２―10のような「シャッター

図2-9　世界のLRT・路面電車開業数（1978～2006）

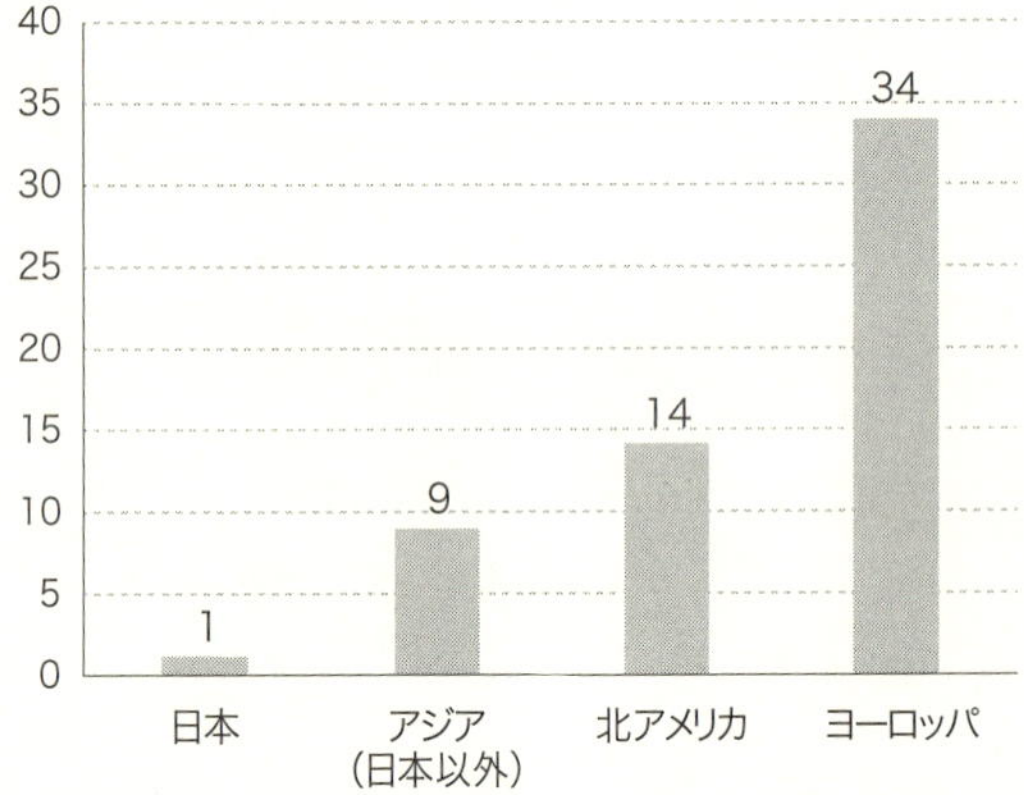

出典：「土居靖範：路面電車復活の国際的動向と日本の課題、立命館国際研究18-1, June 2005」の報告データに2006開業の富山ライトレールのデータを付与

写真2―10　日本のある都市の「シャッター街」の風景

図2-11　日本のガス・パイプライン網

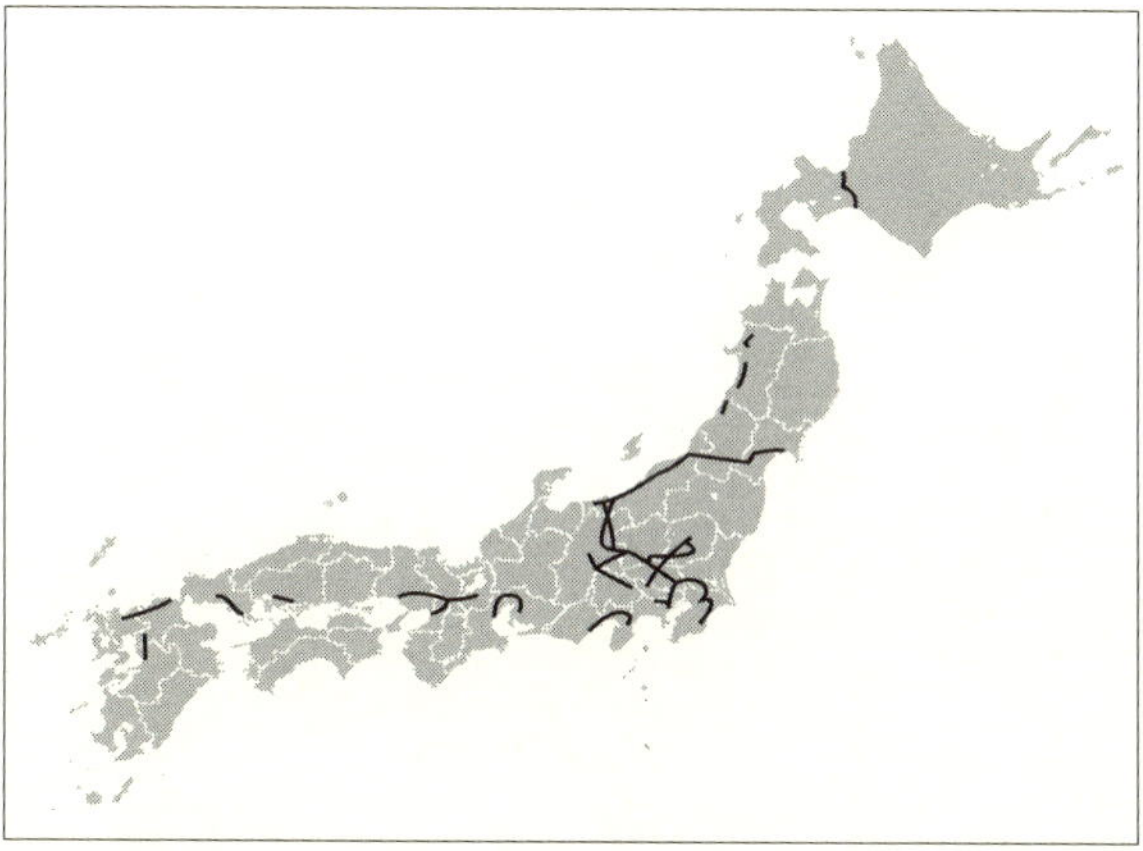

街」が、あちこちの街で見られるようになってしまったのである。

◆パイプライン後進国、日本

一方、インフラの中でも、最近にわかに注目を集め始めたのがガス・パイプラインだ。二〇一一年に起きた福島第一原発の事故以降、原子力発電が制限されている中、天然ガスが注目を集めているからだ。

天然ガスを低コストで供給するには、パイプラインが得策だ。

しかし、我が国のガス・パイプラインのネットワークは極めて貧弱だ。

上の図2―11からも明らかな通り、東京や大阪、名古屋といった大都市圏の周辺に一部つくら

図2-12　アメリカのガス・パイプライン網

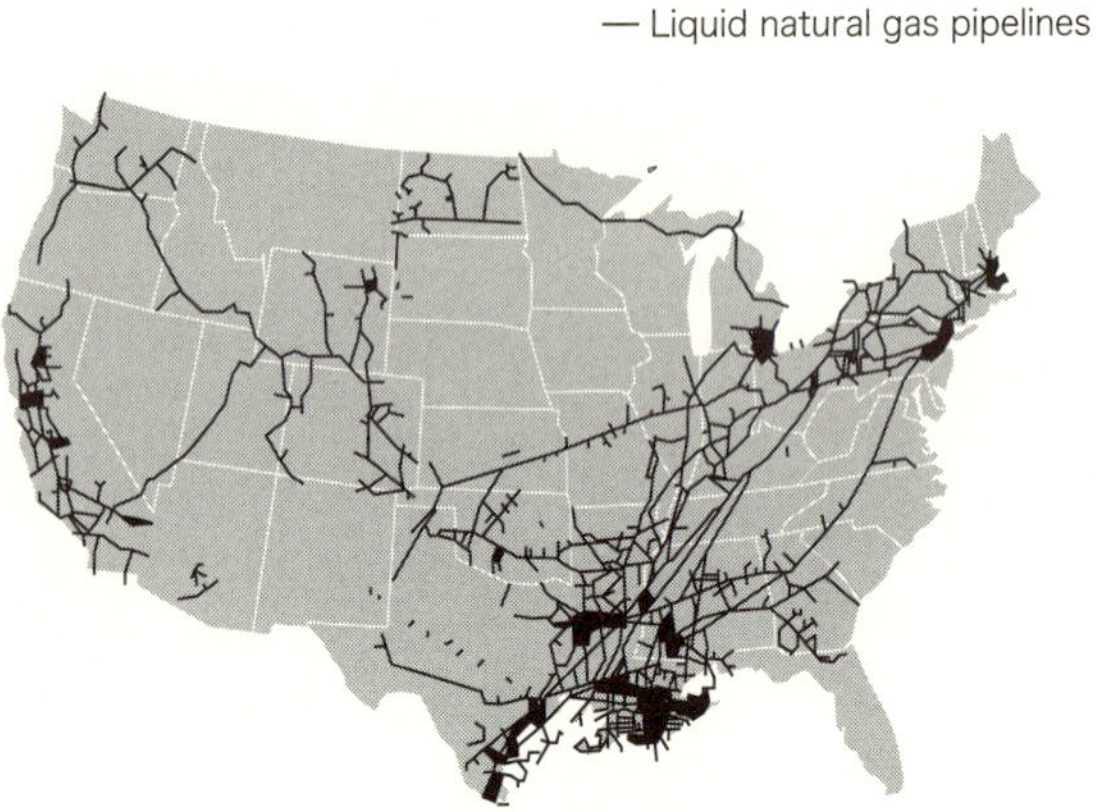

SOURCE：National Pipeline Mapping System

れているに過ぎない。東日本側は比較的整備も進められているが、それ以外の地域の整備は大きく立ち後れているのが実情だ。

原発の利用制限が続き、中長期的に石油の枯渇が懸念され、しかも国産エネルギーとしてメタンハイドレートが将来的に期待される中、天然ガスの重要性は今後、ますます大きなものとなっていく。そんな中で、こうしたパイプラインの未整備状況が放置されればされるほど、輸送コストは高止まりし、経済成長にブレーキをかけ続けることになるだろう。

一方、図2―12、2―13に示したように、欧米では、日本とは比較にならない密度で整備が進められている。この背景には、日本の

図2-13　ヨーロッパのガス・パイプライン網

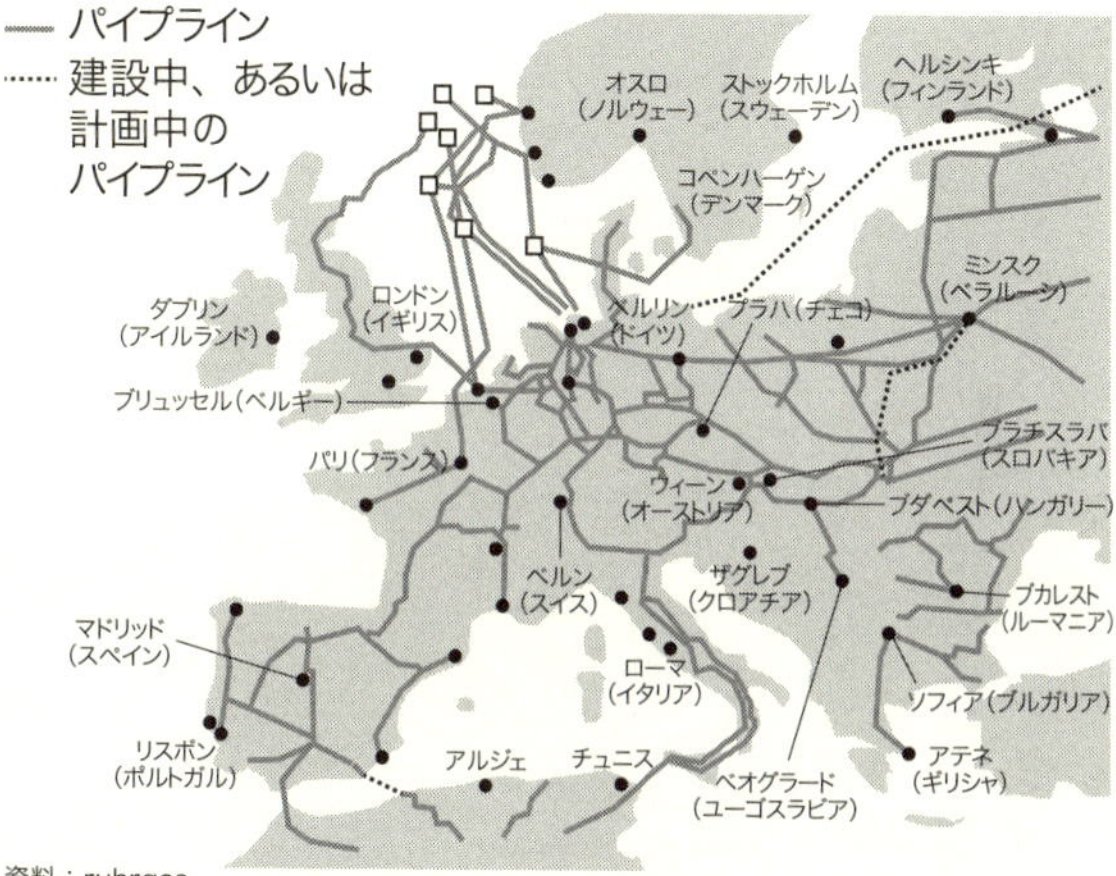

資料：ruhrgas

パイプラインの建設は純然たる民間投資で進められてきた一方で、欧米ではパイプライン建設に対して、政府が様々な形でコミットしてきた、という背景がある。フランスやイタリアでは、国営企業が整備をしているし、政府が投資計画を策定している国もある。もちろん、パイプライン整備に対する補助は、アメリカ政府やＥＵを含めた様々な政府が直接支給を行っている。

つまり、道路のみならずパイプラインの点から言ってもまた、我が国は明確に後進国なのである。

◆日本は、信じられないくらいの災害大国である

以上から、日本の「交通・物流インフラ」

は、先進諸外国の中でもとりわけ、見劣りする水準である、ということはご理解いただけたのではないかと思う。

これ以外にも、空港や港湾等の交通インフラについても同様に論ずることができるのだが、諸外国に比して停滞している日本のインフラは、何も「交通・物流」にかかわるものだけではない。

そんな中でも、とりわけ強調しなければならないのが、「自然災害対策」のインフラである。

もちろん、諸外国に比べれば、日本の自然災害対策のインフラ投資は、決して低い水準ではない。しかし重要なのは、自然災害の多さに対応できているかどうか、という点だ。

どういうわけか、日本列島には、先進諸外国に比して全くもって信じられないくらいに、自然災害が多いのである。

まずは、地震。

例えば、米国地質調査所（USGS）が発行している統計値に基づくと、世界で生ずるM6以上の全ての地震の、じつに約「二割」もが日本（領土・領海）で発生している。ちなみに、日本（領土・領海）の、全世界の面積に占める割合は、たった〇・二五パーセントなのだから、日本は、凄まじい地震のリスクにさらされているわけである。

しかも日本は海岸線が長いから、ほとんどの国では気にする必要のない「津波」のリスクとも対峙《たいじ》し続けなければならない。具体的に言うなら、今我が国は、南海トラフ巨大地震や首都直下地震といった国家の存亡にかかわるほどの巨大地震のリスクにさらされているが、それらの地震はいずれも地震の揺れによる建物倒壊のリスクだけではなく、津波による大被害もまた危惧されているのである。

いずれにせよ、先進諸外国の中で、これほどまでに巨大な地震と津波のリスクにさらされている国家はない。

しかも、地震が多いということは、「火山」も多いということである。地震も火山も、プレートの地殻変動によってもたらされるものだからだ。

最近でも、御嶽山《おんたけさん》の噴火でたくさんの方が亡くなり、口永良部島《くちのえらぶじま》の噴火は死者こそでなかったものの凄まじい破壊力を見せつけた。

さらに歴史を振り返れば、東日本大震災のような超巨大地震が起こった際には、大噴火がその前後で発生していることも特筆しなければならない。例えば、過去二千年の間、富士山は大きな噴火を二度起こしているが、その二回とも、超巨大地震と連動して発生しているのだ。今、富士山が噴火したとしても、何ら不思議ではない。

さらに我が国は、驚くべきことに「大雨」と「洪水」の極めて高いリスクにもさらされている。

日本の年間を通した降水量は、世界平均の二倍に達している。日本よりも雨がよく降る国といえば、インドネシアやフィリピンといった、赤道近辺の熱帯地方の国々しかない。いわゆる「欧米諸国」で、日本のように雨が降る国は一つとしてない。

もうこれだけで、日本が「洪水」の高いリスクにさらされていると言えるわけだが、それに加えて、日本の国土が極めて「急な斜面」が多いこともまた洪水リスクを高める原因ともなっている。

川が流れる斜面が緩やかであれば、水はゆっくりと流れ、洪水が発生するリスクは最小化される。逆に、斜面が急であれば、大雨が降れば一瞬にして、その雨水が川に集められ、一気に水位が上昇し、洪水が生ずるリスクが高まってしまう。だから、ヨーロッパやアメリカのような平原が広がる国々と異なり、同じ雨の量でも、日本では「洪水」になる危険性が高くなるのである。

しかも、先に指摘したように、日本では雨の量自体が多いのだから、日本の洪水リスクは尋常ではないほどに高いのである。

川は「急峻《きゅうしゅん》」でありかつ「大雨」がしょっちゅう降る、ということは、「土砂災害」のリスクもまた、極めて高いということを意味している。

平成二十六年の八月には、広島で起きた集中豪雨で、土砂災害が発生した。そして残念なことに七〇名以上もの尊い命が失われた。近年の温暖化の影響もあり、集中豪雨が激増していることから、こうした事態が、いつ、どこで起こったとしても、全く不思議ではない状況に我が国は置かれているのである。

◆我が国の防災対策は極めて未整備

このように、我が国は、地震、津波、火山、洪水、土砂災害と、諸外国ではほとんど何も気にしなくてもよいような様々な具体的なリスクを抱えているのが現実なのである。

このことは、我が国が、これらのリスクに対する**十分な防災対策があってはじめて、諸外国と同じ条件に立つことができる、ということを意味している。**

しかし残念ながら、十分な防災対策が完了しているとは言えないのが実情だ。

例えば、土砂災害を防ぐには、「砂防堰堤《えんてい》」というインフラを、危険箇所に設置することが有効だ。

実際、広島の土砂災害の時にも、死者が出た箇所以外にも土砂災害は多発していたのだが、「砂防堰堤」があるところでは、土砂が食い止められ、下流側の数多くの人々の命が救われたのだった。一方で、砂防堰堤をつくることが予定されてはいたものの、実際にはつくられていなかった箇所で、数多くの犠牲者が出てしまったのだ。

では、砂防堰堤の整備率はどれくらいなのかといえば、未だ二割程度しかない。

そもそも諸外国には、土砂災害のリスクそのものが存在していないわけだから、さらなる砂防堰堤のインフラ整備が求められていると、言わざるを得ないのである。さもなければ、我が国は、そうした諸外国と土砂災害の点で同じ条件に立つことすらできなくなってしまうからである。

同じことは、「津波堤防」についても言える。

もちろん東日本大震災の時には、あまりの津波の高さに乗り越えられてしまった堤防がいくつもあったことは事実である。しかし、堤防があったことで救われた命も無数にあったこともまた、同じく事実なのだ。そしてもっと低い津波であれば、大半の堤防が、より多くの人々の命を救うことができていたであろうことも明白だ。

ところが今、南海トラフ巨大地震等の主要な津波対策のために計画されている堤防のうち、整備が完了しているのはたった三割しかない。残りの七割は、計画されているだけで、つくられてはいない。

なおこの整備水準率の数値は、津波の高さとして想定されている二つのレベルのうち、低い方のレベルに対してのものである。高い方のレベルの津波に対して堤防で対応するには、それこそ天文学的な費用が必要となるため、政府としては、主としてインフラ対策ではなくソフト対策によって対応しようとしているのである。それにもかかわらず、その「最低限のインフラ対策」ですらなされていない箇所が七割にものぼるのが現状なのである。

当たり前だが、大半の諸外国には、津波のリスクそれ自身が存在していない。だから、砂防堰堤について指摘したのと同様、一定の津波に対するインフラ整備がなされた時にはじめて、我が国は諸外国と同じ条件の地点に立つことができるようになるのである。凄まじいハンディだが、それが我が国の自然環境である以上、この現実を受け止めざるを得ないのである。

最後に、「洪水」にかんしては、東京の荒川や大阪の淀川、大和川などは、超巨大台風の直撃を受けた場合には、「決壊」し、巨大被害が発生してしまうリスクが十二分に存在していることを指摘しておきたい。

最近では地球温暖化の影響で、かつてはほとんど考えることすらできなかったような超巨大台風、すなわち「メガ台風」が日本を直撃する可能性が現実に危惧されるようになってきた。二〇一三年にフィリピンを直撃し六〇〇〇人以上の犠牲者を出した台風ハイエンは、そんなメガ台風の一例だ。

そうした規模のメガ台風が、関東を真南から直撃するようなことがあれば、荒川の背後の山々に三日間で五五〇ミリや六〇〇ミリ程度の大量の雨を降らすことにもなりかねない。そもそも荒川があふれずに処理することができる降水量の限界は、おおよそ五五〇ミリと言われているから、荒川は決壊し、関東平野は大洪水に見舞われることになってしまう。そうなれば、ハリケーンカトリーナに襲われたニューオリンズのように、長い間水浸しになり、東京の経済は凄まじく停滞することは避けられない。こうした被害は、一〇兆円を超えるとも試算されているが、大阪平野の淀川や大和川も、ほぼ同様の洪水リスクに直面しているのである。

何度も繰り返すが、欧米の多くの街々にはこうした洪水リスクそのものが存在していない。つまり、日本の街々は、想像を絶するほどの洪水リスクというハンディを背負っているのである。

以上、いかがだろうか。

我が国は誠に不運なことに、他の諸外国では全く存在していないような、じつに様々な自然災害の危機に直面しているのである。そうである以上、それらの対策が十分に行われてはじめて、災害リスクの観点から諸外国と同じ条件に立つことができるのである。そんな日本で十分な災害対策を行わないという態度は、不合理極まりないものなのである。そんな国は決して、「先進国」と胸を張って言えないのではないかと思う。

もちろん、筆者は災害対策の全てをインフラ対策だけで進めるべきだと主張しているのではない。防災教育や避難計画の策定など、災害に対してなすべきソフト施策は、全面的、徹底的に進めなければならないのは当然中の当然のことだ。

しかしそれでもなお、そうしたソフト対策と並行してインフラ対策も進めておかなければば、守れる命、守れる街や地域も守れなくなってしまう。そして、以上に指摘した諸事実は、そうした防災についてのインフラ対策についても、必ずしも十分な水準に達していないという実態を明確に指し示しているのである。

◆なぜ我々は「インフラ後進国」に成り下がったのか

我が国は、先進国型の「成熟社会」であり、基本的なインフラはおおむね揃っており、その基本的なメンテナンスは必要かもしれないが、これ以上インフラをつくっていくなんてありえない馬鹿々々しい話だ——という論調が、テレビ、新聞、雑誌といったあらゆるメディア上で繰り返されている。しかし、予断を排した上で客観的なデータを眺めれば、お世辞にも高速道路、新幹線、都市内交通、そして防災といったそれぞれの側面から言って、我が国はインフラが十分に整えられた先進国だと言うことはできない、という実態が見えてくる。

繰り返しになるが、高速道路の整備率は先進諸外国の中でも最低水準であり、新幹線の整備についてもほぼ完了しつつある諸外国がある一方で、我が国では全く整備は完了していない段階にある。都市「内」の交通の質についても欧米の街々に大いに水をあけられており、防災の点から言っても、先進諸外国の中で日本だけが様々な自然災害の現実的な危機に直面しているにもかかわらず、膨大な地域が防災対策不在のまま放置されている。

つまり、**我が国は未だ、インフラ「後進国」としか言いようがないのである。**

したがって、日々メディア上で繰り返されている「日本のインフラは十分すぎるほどにある」などという言説は完全な事実誤認であり**「デマ」の類いとしか言いようのないものなのである。**

では、後進国ならば後進国らしく、先進国に追いつくために努力を重ねているのかと言えば――決してそうではない。

六五ページの図2―14をご覧いただきたい。

この図は、平成八年（一九九六年）を一〇〇とした場合の、主要諸外国のインフラ政策のためにかけた政府支出（公的固定資本形成。以下、インフラ政策費）の推移である。

ご覧のように、ある一つの「奇特な例外」を除いて、インフラ政策費はいずれの国でも増やしている。過去十五年余りの間、最も増加していないドイツでは「微増」という状況だが、イタリア、フランスは三～六割増加、アメリカ、韓国で二倍前後、イギリス、カナダに至っては三倍前後にまで増やし続けている。

こうした背景には、激化する国際競争を勝ち抜くために新たな投資が求められているという側面もあれば、インフラのメンテナンスのために維持更新費用が必要となるという側面もある。

ところが、ある一つの「奇特な例外」の国家は、インフラ政策費を半分以下に削減しているのである。

言うまでもなく、その奇特な国家とは、我が国日本である。

もう一度、先ほどの議論を思い起こしてほしい。

我が国はインフラ先進国ならぬ、インフラ後進国と言わざるを得ない状況にある。しかも、自然災害の危機は、諸外国では考えられぬほどに深刻だった。普通に考えれば、インフラ政策費は増やしこそすれ、削減するなど、ありえないのではないかと言うところである。折しも我が国よりもより高いインフラを抱えている諸外国は、インフラ政策費を増やし続けているのである。それを踏まえるなら、彼らよりもより速いスピードで、インフラ政策費を増やしてもいいくらいなのだ。

図2-14　主要各国の公的固定資本形成（政府のインフラ政策のための費用）の推移

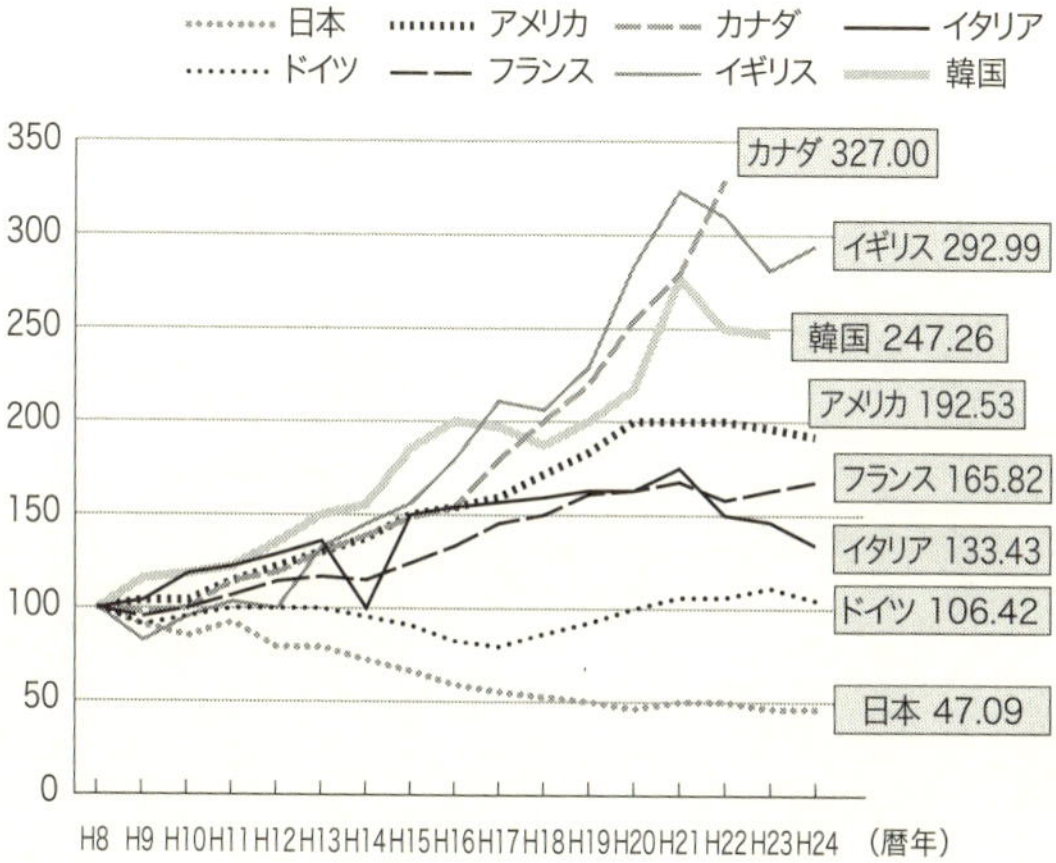

さらに付け加えるなら、**高度成長期に大量につくられ始めたインフラは一挙に老朽化し、そのための維持更新費用もさらに必要とされている。**だから、この一点だけをとってみても、インフラ政策費を増やさなければ、どうにも対応できなくなることは明白なのだ。

こうした状況があるにもかかわらず、我が国は、**インフラ政策費を「半分以下」にまで、過激に削減し続けている**のである。

このままでは、我が国の後進国化に、さらなる拍車がかかることは決定的だ。

欧米と日本の格差は、さらに拡大していくことだろう。一方、かつては後進国と言われた中国は、想像を絶するほどのスピードでインフラを整備し続けている。そうした国々からも抜き去られ、近い将来、彼らの後塵を拝するようになっていくことは間違いない。

とはいえ、もちろん——我が国がどれだけ「インフラ後進国」であろうが（過去の歴史やアダム・スミスやマルクスらの議論に反して）、インフラそのものが、どういうわけか日本においてのみ重要ではない、ということなら、インフラ後進国であることそのものは何の問題もない、ということにもなるだろう。だから、「日本にはインフラはもう十分ありすぎるほどある」という類いのデマも、仮にそれがデマであったとしてもさして罪科なきものなのだ、と言ってのけることはできるであろう。

しかし残念ながら、様々な客観的データで確認すれば、我が国のインフラ後進国化は成長の停滞をもたらし、我が国自身の後進国化に拍車をかけることとなっている、という実態がありありと浮かび上がってきてしまうのである。つまり、我が国の「インフラ後進国化」は、我が国の凋落に直結しているのである。

ついては、次章では、インフラの水準が、いかに我々の経済発展の水準を決定づけているのかという視点から、「超インフラ論」をさらに論じてみたいと思う。

第三章

インフラこそが「成長」の礎

◆「地方部の新幹線」は無駄なのか？

インフラは、「今」の日本に必要か？

本章ではこの点について様々な角度から考えてみることとしたい。「古今東西の歴史」と「社会科学の知の巨人たち」の議論を踏まえれば、インフラは地域と国の繁栄のために必要不可欠だということが示されているわけだが、ひょっとすると、何らかの理由で「現代の日本」には当てはまらないかもしれない。一応、可能性としては、そういう事態もありうるかもしれない。

ついてはまずは、新幹線について確認してみよう。

図3―1をご覧いただきたい。この図に示したように、札幌という特殊な都市（すなわち、道州制の道都であり、広い道の全ての中心都市であり、人口の四割を集中させている）を除くと、**現代の大都市（政令指定都市）は全て、「新幹線」が通る都市圏に位置していることがわかる。**

一方で、日本の近代化が始まったころ（明治九年）の人口ベスト一五都市の中には、金

図3-1　平成22年時点の政令指定都市と新幹線ネットワーク

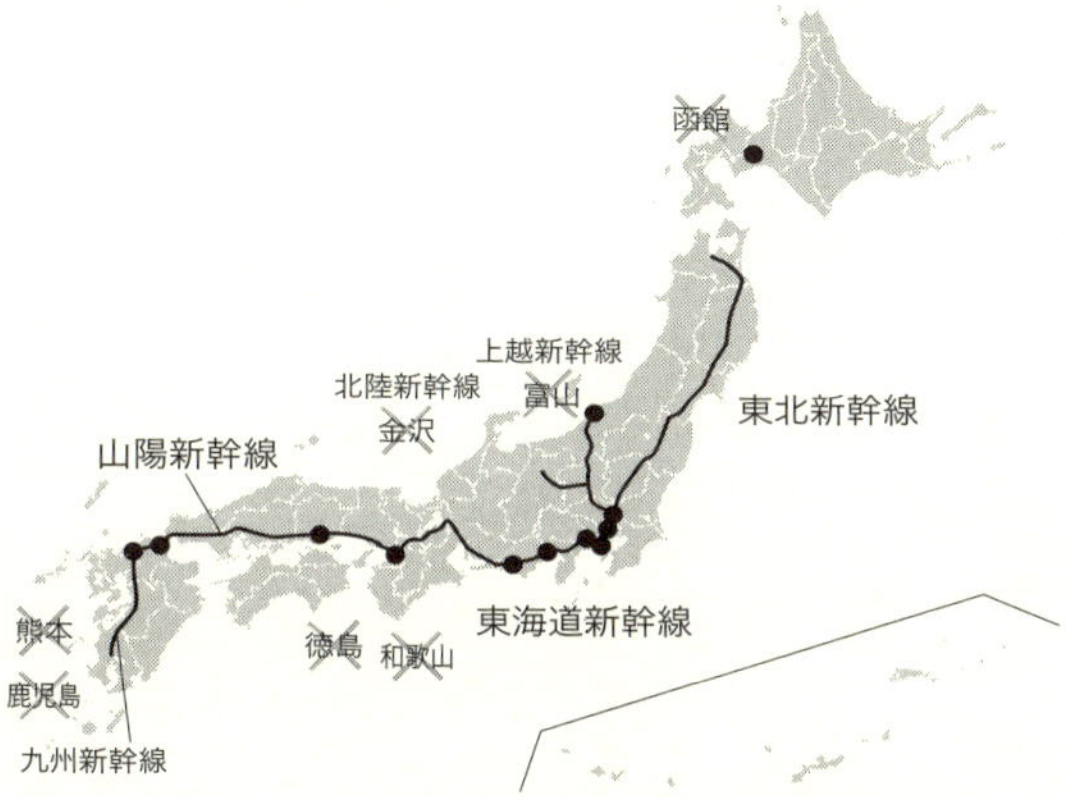

出典『新幹線とナショナリズム』(藤井聡著、朝日新書)より。原案は大阪産業大学教授・波床正敏作成。

沢、富山、熊本、鹿児島、和歌山、徳島、函館という街々が入っていたのだが、これらの「かつての大都市」はいずれも、今日、政令指定都市とはなっていない。

ここで重要なのは、これらの「かつては大都市であったが、今は政令指定都市になっていない都市」は、一つの例外もなく「新幹線が通っていない」という共通項を持っている、という点である。

そしてさらに重要なのは、それ以外のベスト一五都市に入っていた都市（東京、大阪、名古屋、広島、仙台など）は、これもまた一つの例外もなく「新幹線が通る都市」だという共通項を持っていることである。

これらの事実は、明確に次の一点を示して

いる。

それはつまり、（高速都市間交通インフラ、すなわち、現代の）**新幹線の有無が、その都市の命運を分けた**ということである。

新幹線さえ通っていれば、かつての大都市は大都市のままいられた。その一方で、**新幹線がなければ、かつてどれだけ栄えていた都市でも、凋落していかざるを得なかった**のである。

こうした歴史的事実は、**「新幹線」の整備が都市の発展にとって極めて巨大なインパクトを及ぼしてきた**ことを明確に示している。

そしてこの「新幹線効果」は、**今日においても未だ全く衰えた様子は見られない**。

例えば、熊本市は、九州新幹線が全線開通する過程で人口を着実に増やし続け、国内第二〇番目の政令指定都市の座を獲得している。鹿児島市においても、二〇〇四年にいち早く新幹線が部分開業していたが、減少傾向であった人口は下げ止まり、今日では熊本市と同様、着実にその人口を伸ばし続けている。

また、二〇一五年に北陸新幹線が開通した富山市は、新幹線開通に向けて様々な投資プロジェクトが展開され、日本で最初の「ＬＲＴ路線開通都市」となった。そして実際の開通を受けて、今まさに様々な民間投資が展開されているところである。

同様に、そのお隣の金沢市もまた、新幹線開通に向けて金沢駅の再整備はもちろんのこと、駅間を中心に様々な投資が進められ、その人口も着実に増加させている。

なんといってもこれまで四時間前後もの時間がかかっていた東京―金沢間、東京―富山間がたった二時間～二時間半で行き来できるようになったのである。観光やビジネスの交流がこれまで以上に高度化し、それに伴って、金沢や富山に新たなビジネスチャンスが広がったのである。そして、そのチャンスをめがけて様々な投資が進むという好循環が、新幹線整備によってもたらされているのである。

◆「地方の疲弊」は、新幹線をつくらなかったことの当然の帰結

しばしば、マスメディア上では「地方部の新幹線は無駄だ」「空気を運んでいるだけだ」というような論調が繰り返されてきたが（詳しくは拙著『新幹線とナショナリズム』を参照されたい）、これらの実情を見る限り、それらの言説はたんなる**空疎な「デマ」**にしか過ぎないという様子を見て取ることができるだろう。

それよりもむしろ、これらのデータは、今、我が国では**「地方創生」**が盛んに言われてい

図3-2　全国の新幹線整備計画と、整備済みの路線

るが、地方都市における新幹線整備こそが、地方創生の「切り札」であるということを明確に示している。

そもそも我が国は、図3―2に示したような全国の主要都市を新幹線で結ぶ新幹線ネットワークの整備計画を正式に決定している。多くの国民は、こうした整備計画があることすら忘れているのかもしれないが、ご覧のように、東京を中心とした各路線の整備率は高く、ほぼ整備が完了している一方で、日本海側や西日本の整備率は未だ低く、ほとんど未整備のまま放置されているのが実情なのだ(この地図でいえば、「黒線」が、東京周辺以外において山のように残されていることを確認いただけよう)。

新幹線が整備されなかった都市は凋落し、新幹線が整備された街は発展した、という事実を踏まえれば、現在、東京一極集中が進み、地方が疲弊し続けている重要な原因の一つとして、政府がかつて決定したこの新幹線の整備計画を真面目に進めてこなかったことを挙げることができるだろう。

さらに言うなら、この新幹線の「未整備」をこのまま放置すればするほど、地方創生の長足の歩みは困難となっていく。逆に、その計画を着実に進めていければ、それぞれの地域の地方創生に長足の進歩がもたらされることは火を見るよりも明らかなのである。

◆「鉄道インフラ」が成長を導く

新幹線が都市の成長を促し、新幹線の「未整備」が都市の「衰退」をもたらしている――これが、以上の史実が示す帰結であるが、鉄道は「国家全体の成長率」にも大きく影響している。

七五ページの図3―3をご覧いただきたい。

これは、いわゆる西側の先進資本主義諸国において、「鉄道」をどれだけ整備すると、どれだけの「GDP成長率」が実現されるのかを示したグラフだ。横軸は、各国の国民一人当たりの鉄道路線の長さ、縦軸は過去十年間のGDP成長率（調整値）である。

ご覧のように、明確な「正の相関」が見て取れる。

つまり、**鉄道をしっかりと整備している国家ほど経済成長率が高い一方、鉄道を十分に整備していない国家では成長率は低い**、という傾向が明確に存在している。

同様の傾向は、「新幹線」（つまり、高速鉄道）の整備水準についても見て取ることができる。図3―4は、先ほどと同様の対象国の中で「新幹線」を整備している国だけを取り出し、それらの国々における成長率と「新幹線」の整備水準との関係を示したものである。ご覧のように、先ほどと同様、**新幹線をしっかりと整備している国ほど成長率が高く、その整備率が低い国ほど成長率が低い**のである。

これらの結果は、アダム・スミスやマルクス、そしてリストが十九世紀から二十世紀にかけて論じた「鉄道インフラの水準が、経済力を規定している」という理論的な仮説を実証するものである。二十一世紀の世界においても、彼らが言うように潜在的な経済成長力は、鉄道インフラ水準に依存しているのである。

したがって、我が国において**「成長戦略」を策定するなら、中央リニア新幹線や新幹線のプロジェクトを最重要項目として位置づけるのは、いたって当然のこと**なのである。つまり

図3-3　「国民一人当たり総鉄道延長」とGDP成長率（10年）

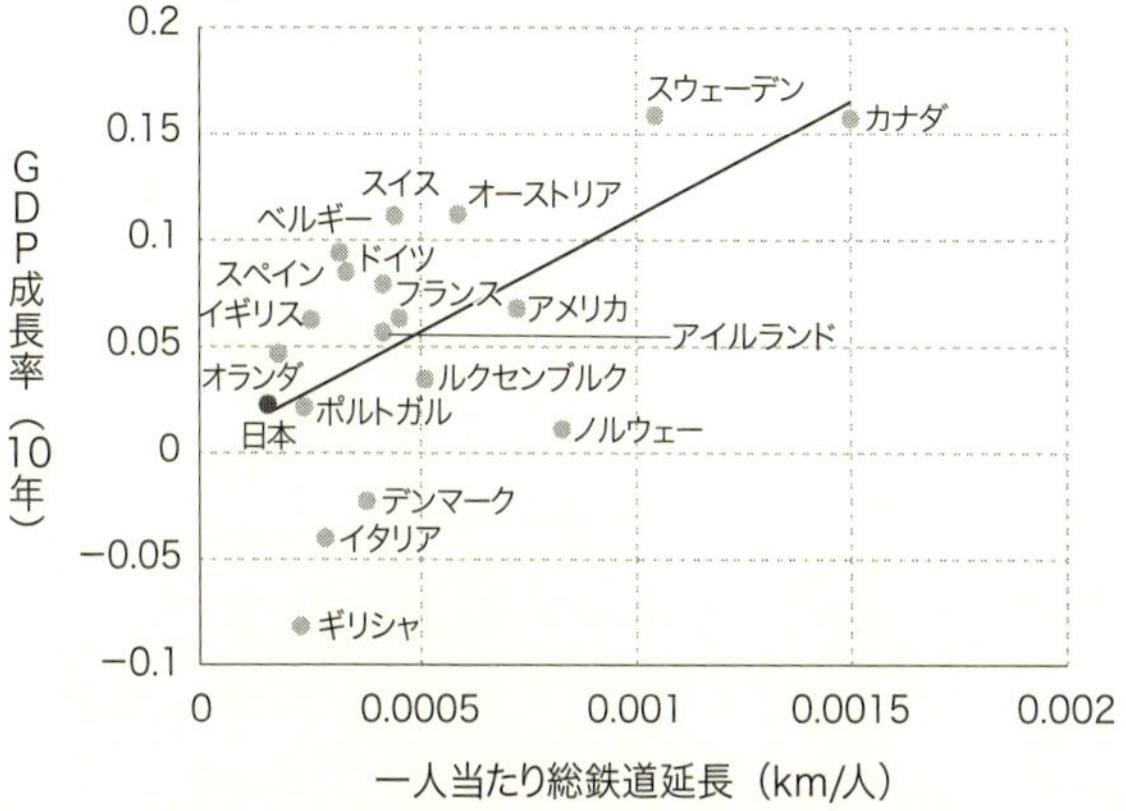

※本散布図の縦軸は、重回帰分析で制御変数（人口、GDP、一人当たりGDP）による効果を測定し、その効果を除去した上で求めたもの。対象国は、日米欧の「西側先進諸国」。t値は2.54。

図3-4　「国民一人当たり新幹線（高速鉄道）総延長」とGDP成長率（10年）

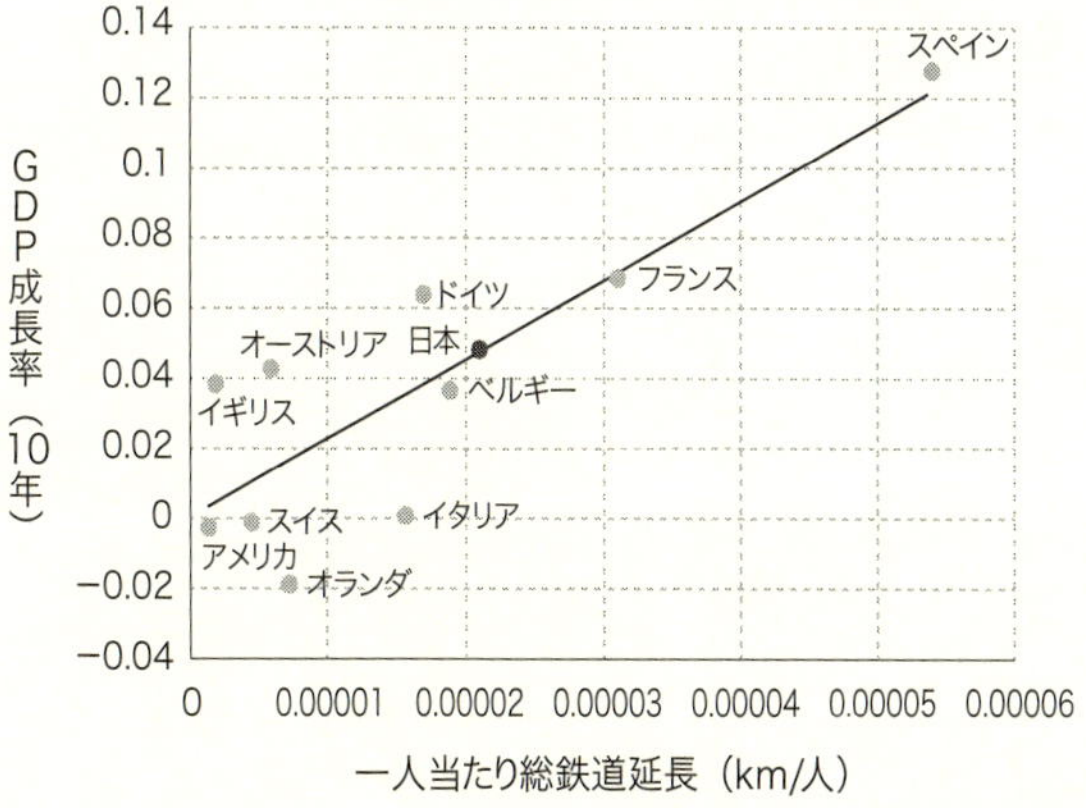

※本散布図の縦軸は、重回帰分析で制御変数（人口、GDP、一人当たりGDP）による効果を測定し、その効果を除去した上で求めたもの。対象国は、日米欧の「西側先進諸国」。t値は2.43。

鉄道インフラ政策を進めることは、一極集中緩和や地方創生、地方活性化にとって効果的であるのみならず、日本のマクロ経済の成長にも大きく寄与するものなのである。

◆地方の「高速道路」は無駄なのか？

新幹線とならぶ交通インフラといえば高速道路であるが、その整備はマスコミ世論において激しい批判にさらされ続けた。

特に、地方都市における道路整備においては、どうせつくっても誰も使わないし、つくったところで熊ぐらいしか歩かないなどという完全な事実誤認に基づく誹謗《ひぼう》中傷が繰り返されてきた。それがたんなる「誹謗中傷」に過ぎないのは、例えば、熊しか通らないと揶揄《やゆ》された北海道のある高速道路は、開通後、一日一万台から二万台程度の自動車が実際に利用していることからも明らかだ。

しかも、高速道路ができることがその地域の産業を活性化させることは、データからも明白だ。

具体的に確認してみよう。

左の図3―5は、日本全国の過去二十五年間の商業成長率を示している（商業年間販売額

図3-5 「商業年間販売額」の過去25年間の地域別増加率
（1980～2005）

図3-6 「商業年間販売額」の過去25年間の増加率の、高速道路までの所要時間別の平均値

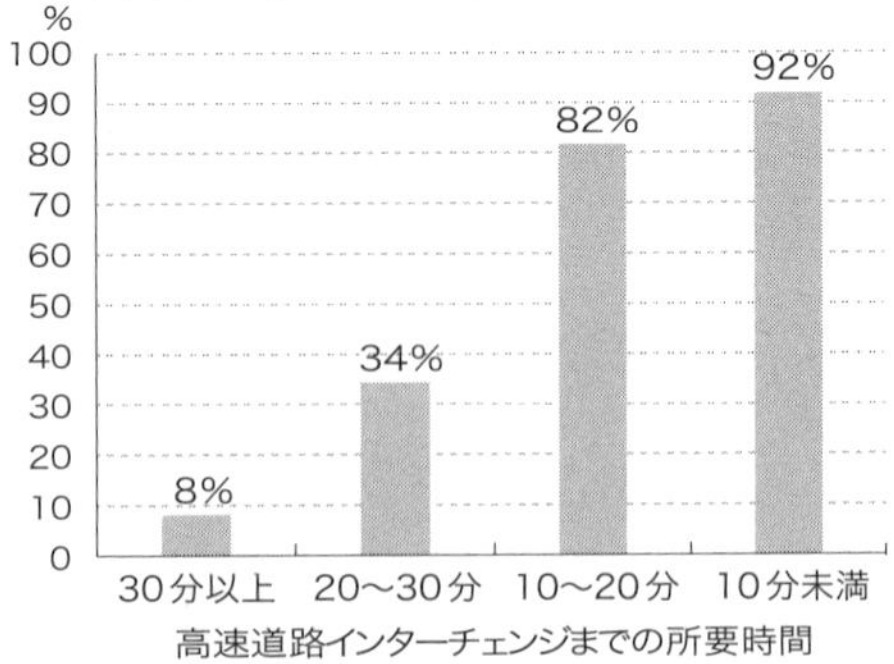

資料：商業年間販売額は商業統計調査より、最寄IC到達時間は「NITAS」より算出

（1980-2005 ）

の増加率）。この地図では成長率の高いところは白く、低いところほど濃いグレーとなるようにしているが、高速道路の近くには「白いエリア」が多く、高速道路から離れたところほど「濃いエリア」が多い傾向が見て取れる。つまり、高速道路に近いところほど、商業成長率が高く、離れたところほど低いのである。

その傾向は、上の図3―6を見れば、より明白となる。

この図は、高速道路までの所要時間別に、商業成長率の平均値を求めたものである。ご覧のように、高速道路から遠いところ（三十分以上離れたところ）では八パーセントの平均成長率しかない一方、高速道路に近づけば近づくほど、高い成長率が見られるようになっていく。高速道路のイン

ターチェンジまで十分未満の地域では、実に一一倍以上もの九二パーセントの成長率を示している。

これは要するに、高速道路がつくられればその沿線に商業の立地が進むことを示している。高速道路インターチェンジ周辺は、集客の点からも物流コストの点からも有利であることから、商業立地の民間投資が促進されているのであり、その実態がこのデータに現れているのである。

同様のことが「工業」においても見られる。

次ページの図3―7は、先ほどと同様に日本全国の過去二十五年間の工業成長率（製造品出荷額の増加率）を示している。この地図からも、高速道路に近いところほど、工業成長率が高く、離れたところほど低い様子が読み取れる。そして図3―8（八一ページ）からは、高速道路から遠いところ（三十分以上離れたところ）よりも、近いところ（三十分以内で乗れるところ）の方が、工業の成長率は二倍前後にまで高くなっている様子が読み取れる。

これは要するに、高速道路がつくられれば、その沿線に工場の立地が進むことを示している。そもそも工場には、原材料を運び込むためにも、できあがった製品を運び出すためにも道路が必要不可欠だ。さらに工場の生産性を上げるためには、そうした物流のコストを最小

図3-7　「製造品出荷額」の過去25年間の地域別増加率
（1980―2005）

図3-8　「製造品出荷額」の過去25年間の増加率（1980―2005）の、高速道路までの所要時間別の平均値

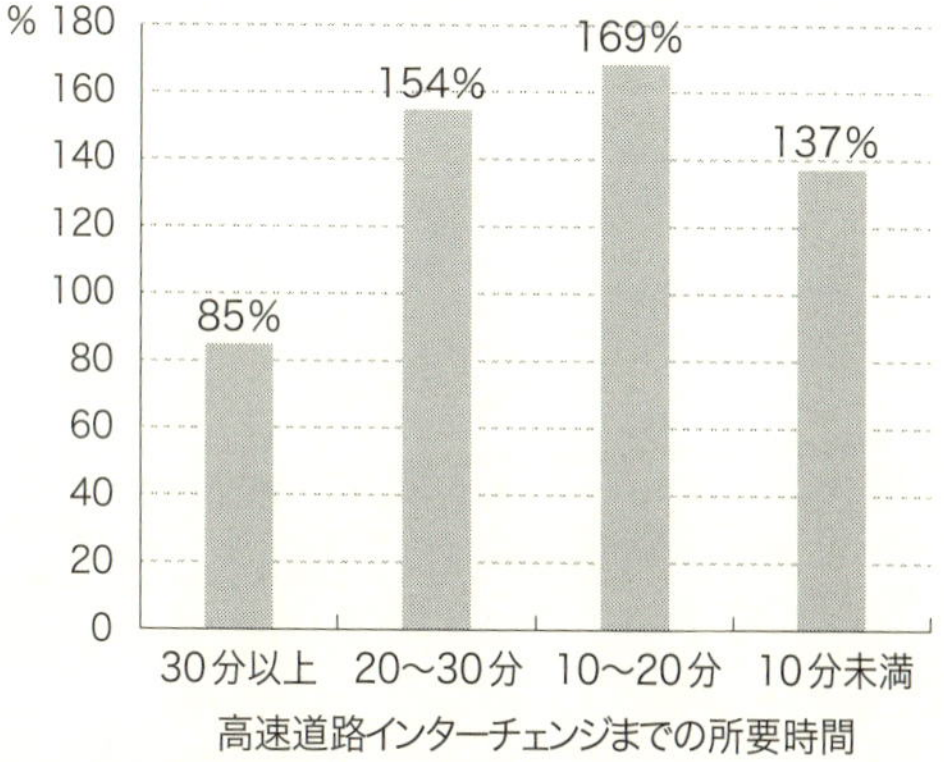

資料：製造品出荷額は全国各県の工業統計調査より。市区町村データは、平成21年3月31日時点の市区町村で整備、最寄IC到達時間は「NITAS」より算出

化することが必要なのだから、当然、高速道路があるところの方がないところよりも工場をつくるには有利なわけである。しかも、工場の用地買収費を考えれば、土地の安い地方部で高速道路があるところが工場立地には得策となる。こうした事情から、地方部に高速道路をつくることで、工場の立地が促進され、その地での工業成長率が高くなるのである。

◆「道路インフラ」も成長を導くカギ

鉄道インフラは地域の発展のみならず国家全体の経済成長をも導くものであることがデータでも示されたが、道路インフラについても確認したところ、やはり同様の効果が見出

された。

次ページの図3―9は道路、図3―10は高速道路についてのグラフである。それぞれ、自動車一台当たりの「長さ」と、GDP成長率との関係を示している。いずれのグラフからも一台当たりの道路、あるいは、高速道路が多い国ほど、高い成長率を記録していることがわかる。逆に言うなら、自動車一台当たりの道路インフラが少ない国家ほど、成長率は低い水準にとどまるという傾向が見られる。

ところで、「道路」のグラフにおける日本だが、横軸において全ての国の中でもほぼもっとも「左側」に位置していることがわかる。これはつまり、我が国はここで取り上げた二〇の先進資本主義国家の中で、最下位のポルトガルに次いで、ワースト2の道路インフラ水準の「低さ」を誇っているということである。そして「高速道路」のグラフについていえば、日本はもっとも左側に位置している。つまり、我が国日本の高速道路インフラの水準は、この尺度で言うなら堂々の「ワースト1」となっているわけである。そしてこうした道路インフラの水準の「低さ」が、昨今の日本の低い成長率をもたらしている原因の一つとなっている実態を示しているわけである。

こうした結果は、何も不思議なことではなく、いたって当然の結果だといえよう。

図3-9　「自動車1台当たり道路総延長」とGDP成長率（10年）

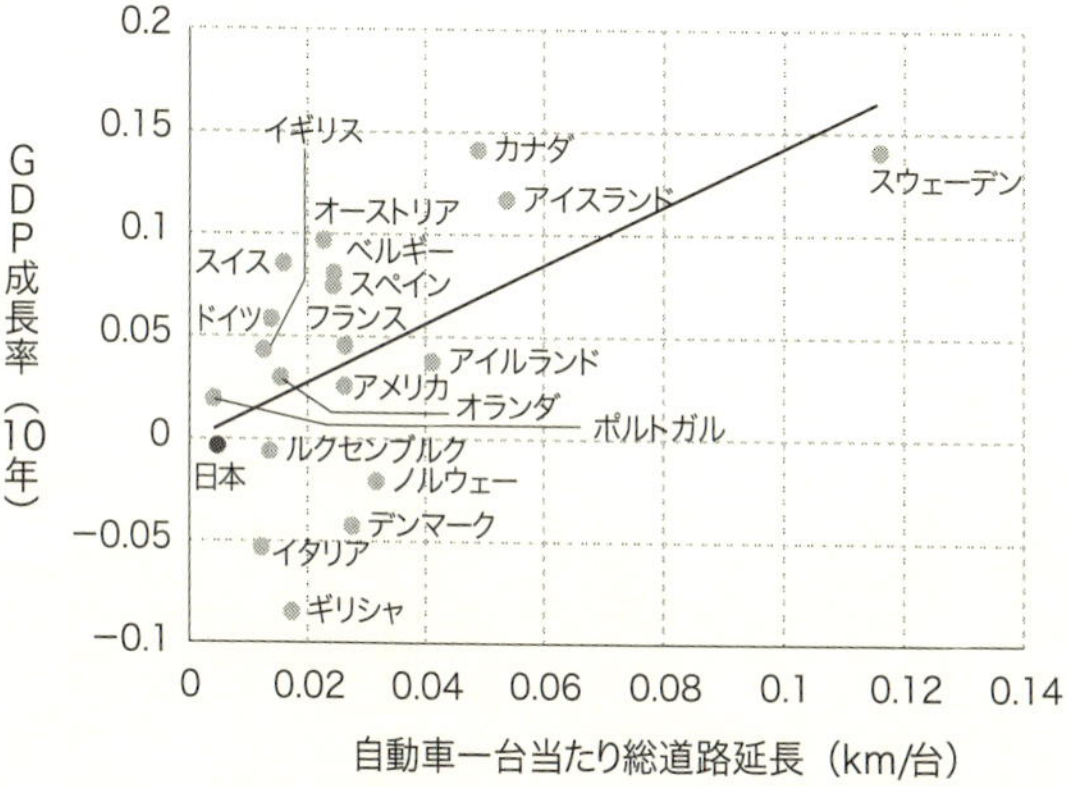

※本散布図の縦軸は、重回帰分析で制御変数（人口、GDP、一人当たりGDP）による効果を測定し、その効果を除去した上で求めたもの。対象国は、日米欧の「西側先進諸国」。t値は2.47。

図3-10　「自動車1台当たり高速道路総延長」とGDP成長率（10年）

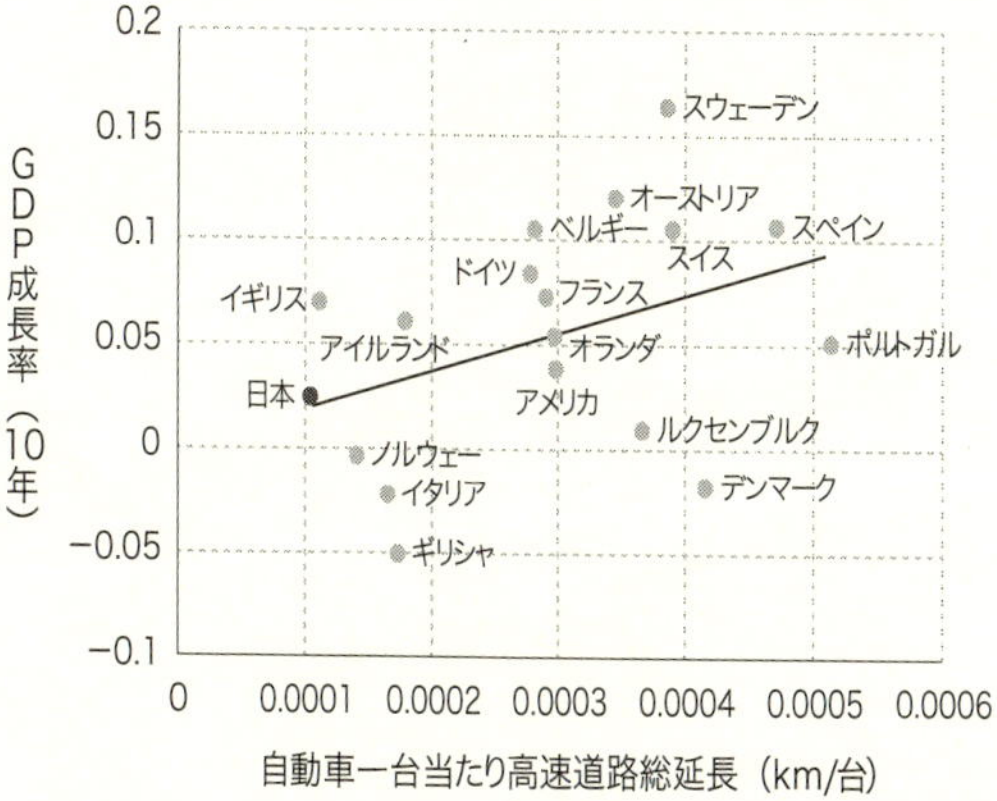

※本散布図の縦軸は、重回帰分析で制御変数（人口、GDP、一人当たりGDP）による効果を測定し、その効果を除去した上で求めたもの。対象国は、日米欧の「西側先進諸国」。t値は1.47。

マルクス、アダム・スミスが論じたように、道路インフラの水準の高さは、物流・交通コストを最小化させ、生産性の増進をもたらすからである。そしてそうした生産性の高さが経済成長に結びつくのは、当然のことなのである。

つまり、道路インフラが成長を導くのである。

◆インフラ論をめぐる「沈黙の螺旋」のメカニズム

もちろん、今日の日本で成長戦略といえば、規制緩和や自由貿易促進策やインバウンド（海外観光客の呼び込み）といった「ソフト的」なものが議論されることが多い。筆者はもちろん、そういうものを否定するつもりは毛頭ない。それぞれの取り組みが、経済や社会に及ぼす「総合的」な影響を一つ一つ「精緻に吟味」しながら、是々非々で推進していくべきであることは論をまたない。

ただし、ここで論じたインフラ論を踏まえれば、**インフラ政策もまた、成長戦略の要とすべきである**ことが明白なのだ。

とはいえ、そうした主張が一般のメディア上でなされるようなことはほとんどない。むしろ、そうしたインフラ成長戦略論に言及すれば、瞬く間に、批判の嵐にさらされてしまうのが実態だ。

　つい先日も、次のようなことがあった。

「大阪都構想」が、住民投票で否決された直後のこと。あるテレビ番組で、筆者が、大阪を豊かにするためには、大阪を中心とした新幹線ネットワークの整備構想を進める他にない、ということを、その根拠となるデータも紹介しながら解説したところ、次のような激しい批判を受けた。

　ある共演者は、

「無駄ですよ、工事費の無駄！　無駄無駄！」

と叫んだ上で、筆者の主張に対して「あきれ顔」で、

「昭和の発想ですよ」

と「非難」した。また、その動画がネットにあげられると、その共演者と同種の様々な非

難が動画のコメント欄に書き込まれた。

「藤井氏の構想を聞いてて開いた口が塞がらなくなった」
「やはりバカでした藤井教授」

さらに、インフラ論に対して毎回繰り返されてきた「シロアリ論」が、この時も繰り返された。すなわち、インフラの必要性を語る奴は、もっともらしいことを言っていてもそれは全部嘘っぱちで、結局は利権を得ることを目的にしているだけだ、という論理が、ここでも繰り返されたわけである。

「藤井氏の言ってることは、最初から最後まで（土木関係者の）利権を守るためだけ」
「（藤井の提案では）明るい大阪の未来を作ることはできません。なぜなら既得権者を守ることを第一に考えているからです」

無論これは、その根拠が書かれているはずもなく、たんなる誹謗中傷のための悪質なデマでしかない。

しかしこうしたデマはその中身が「現実」でないとしても、インフラ論を語ろうとする論者を黙らせるだけの強力な心理的圧力を「現実」に持っている。

同時にそれは、インフラ論批判の発言を「促す」圧力を持つものでもある。大衆世論と一緒になってインフラを論ずる論者を叩けば、たやすく多くの支持を得ることができるからである。それは、ポピュリズムを利用する政治家はもちろんのこと、大衆人気に配慮するコメンテーターや言論人、知識人においても、インフラ論批判の発言を促すことにつながる。学校のクラスの中でいったんイジメが始められれば、皆がこぞってイジメに加担しだす構造と同様のものがここにもあるのだ。

こうした構造を通して、インフラ論者に対する嫌がらせが繰り返されることで、インフラ論自体がますますメディア上で語られなくなっていく一方で、批判する声（例えば、シロアリ論）だけが声高に喧伝《けんでん》されるようになっていく。そうすると今度は、そうしたメディア状況それ自身がますますインフラ論者に対するバッシングを加速させていくことになる。

一般に、社会心理学ではこうした社会現象は**「沈黙の螺旋《らせん》」**と言われている。

すなわち、いったん上記のようなインフラ論に対するバッシングが始められると、仮に多くの人々がインフラ論の重要性を理解していたとしても、「沈黙」して口をつぐんでしまう。そうすると今度はその「沈黙」それ自身が、さらにインフラ論について発言をしにくくさせる圧力を生む。つまり「沈黙」がさらなる「沈黙」を呼び、沈黙が螺旋状に進行していく。そしてこうした「沈黙の螺旋」を通して、こわばった空気が形成されてしまうのである。

◆「インフラ重視」は世界の常識

しかし、もちろんそれはたんなる「空気」の話にしか過ぎず、インフラ論それ自身の中身の問題、つまり「真実」とは全く無関係である。

インフラの「真実」とは何かと言えば、それはもちろん、地域と国の繁栄のためにインフラは必要不可欠だ、という一点である。そのことは「古今東西の歴史」や「社会科学の知の巨人たちの議論」からも明確であるのみならず、現代日本の各種データからも確証されているのは、これまで示した通りだ。

インフラの重要性がここまで明白なのであるから、日本のような「インフラ論バッシング」の空気が存在していない諸外国のリーダーたちは当然のように、のびのびとインフラの重要性を主張し続けている。

例えば、オバマ大統領は、大統領就任演説の中で、次のように主張した。

「今日から我々は立ち上がり、米国を再生する作業をもう一度始めなくてはならない。新しい雇用を創造するだけでなく、成長の新しい基盤を築くために我々は行動する。我々は商業の糧となり、我々を結びつける道路や橋、送電網や通信網を造る。これらはすべて実現可能だ。そして我々はこれらをすべてやる」

つまり、オバマ大統領にとって、道路や橋等のインフラは「新しい雇用を創造するだけでなく、成長の新しい基盤」なのであり、それをつくる行為は「米国を再生する作業」に他ならないのである。

彼のこの姿勢は大統領就任期間中、今日に至るまでゆるぎなく続いている。例えば、二〇一五年の一般教書演説では、次のように主張している。

「二十一世紀のビジネスには二十一世紀のインフラが必要です――現代的な港、そして強化

した橋、より高速な鉄道と最高速のインターネット。民主党と共和党がこれに合意しました。ですから我々の照準を石油パイプライン一つより高く定めましょう。一年で三〇倍より多く雇用を創出できる超党派のインフラ整備計画を可決し、この国を今後数十年強化させましょう。（拍手）これをしましょう。してしまいましょう。これをしてしまいましょう」

彼は、パイプラインを整えていくのは前提中の前提として、それ以上に、高速鉄道（＝新幹線）をはじめとしたインフラ整備を進めることが、「二十一世紀のビジネス」にとって必要不可欠なのだと強く主張しているのである。

そして驚くべきことに、そのプランは公衆から万雷の拍手を受けている。つまりアメリカでは、日本における陰湿な嫌がらせとは真逆の「喝采」が、インフラ論に対して送られるというわけである。

あるいは、イギリスのキャメロン首相は、二〇一二年の演説で次のように力説している。

「インフラは、現代生活を支えるとともに、経済戦略において重要な位置を占める。決して二流であってはならない。それは、ビジネスを成功へと導く見えない糸である。社会資本は

また、ビジネスのためだけに存在するものではない。それは、市民が活動するためのプラットホームである。もし、我々のインフラが二流になれば、我々の国も二流になる」

この主張はまさに、マルクスやリストが百年以上前に論じた議論そのものだ。

このキャメロン首相の言を借りるなら、先進諸外国に比すれば「二流」としか言いようのないインフラしか持ちえていない我が国は、「二流」に落ちぶれてしまうことは避けられないだろう。

実際、過去十年間、二十年間の我が国の経済成長率は先進諸外国中、最低ランクにまで凋落してしまっている。その間、諸外国は成長し続け、日本の地位は、坂道を転げ落ちるように凋落し続けている。デフレに突入する直前の一九九八年当時、**日本のGDPが全世界のトータルGDPに占めるシェアは一八パーセント**であった。ところが最新のデータ（二〇一四年）では、**そのシェアは実に六パーセントにまで凋落**している。それは、かつての実に**三分の一**の水準なのだ。

わが国のGDPが三分の一にまで落ちぶれた原因には様々なものが考えられるであろうが、インフラ政策の不在がその凋落に大いに貢献してしまっていることは間違いない。

なぜなら、本章で示した様々なデータが明らかに示している通り、そして、キャメロン首相が明言している通り、インフラ政策は成長戦略の要だからである。

もうおわかりいただけよう。

たしかに我が国は、インフラの重要性を論ずれば「袋叩き」にあうような空気に覆われてはいるものの、それは我が国における特殊な状況に過ぎないのである。諸外国においては、そうした空気は存在しておらず、それどころかインフラを論ずることで「喝采」を受ける状況にあるのが実態だ。

つまり、海外においては、インフラ重視は「常識」なのである。そしてその「常識」は、実証的、理論的、そして歴史的裏付けのある、極めて正当なものなのである。

◆「インフラ政策」こそが成長戦略の要である

そうである以上、インフラをめぐる「沈黙の螺旋」がぐるぐると回り、「インフラは不要なり」という「デマ」が我が国にはびこればはびこるほどに、我が国のインフラは二流のまま放置され続け、成長もできず、挙げ句に財政悪化にも歯止めが効かなくなってしまうのは必定なのである。

逆に言うのなら、**成長と財政健全化の両者を同時に目指そうとするなら、十分な財源の下、合理性高きインフラ政策を立案し、それを果敢に遂行していくことが強く求められているのである。**

じつを言うと、ここまで疲弊した我が国を立て直すには、現実的に考えれば考えるほど、このアプローチしか残されていないことは明らかだ。そしてこの方法は、政府が今「アベノミクス」として進めようとしている経済対策の具体策として立案し、推進することが可能なものであり、荒唐無稽で非現実的なものでは断じてない。

——そうは言っても、財政健全化のためにこそ大規模なインフラ政策の遂行が必要であるという説は、インフラ論についての沈黙の螺旋がぐるぐると回り続ける、この「世間一般の論調」に慣れ親しんだ方々にしてみれば、にわかには信じがたいかもしれない。

しかし、ここでもまた、経済政策の「基本」を踏まえながら、様々なデータを一つ一つ吟味していけば、世間一般の論調がいかに間違ったデマにまみれたものであるかがくっきりと浮き彫りとなってくるのである。

思い出してほしい。

スランプに陥った時には、「基本的なセオリー」に従うことが重要なのだ。

そして世界中、不況に陥った時には、インフラ投資を進めることで経済を立て直してきたのだ。そもそも「不況対策にはインフラ投資」というのが、世界恐慌後のルーズベルト大統領から、リーマンショック後のオバマ大統領まで、誰もが踏襲してきた基本セオリーなのである。そして今日、安倍内閣が進めようとしているアベノミクスにおいても、その基本セオリーは引き継がれているのである。

つまり、経済対策としてインフラ投資を行うという考え方それ自身は、何も荒唐無稽なものなのではなく、たんなる「基本のいろは」に過ぎないものなのである。そして、様々なデータを確認すれば、最終的には、インフラ投資は経済成長を通して「財政再建」を着実に導く方針となる、という真実がくっきりと浮かび上がってくるのである。

以上に論じた当方の主張が信頼に足るものか否か――それを読者各位にご判断いただくためにも、次章に論ずる、アベノミクスの考え方に基づく投資プラン、すなわち**「アベノミクス投資プラン」**にかかわる**経済政策の視点からの「超インフラ論」**をしっかりとご確認いただきたいと思う。

第四章

「アベノミクス投資プラン」が成長と財政再建をもたらす

◆「国が破綻するからインフラ投資はできない」というデマ

ここまでの議論を簡単にまとめると次のようになる。

道路、新幹線、パイプライン、都市内交通といった様々な側面から見ていけば、世間一般で言われているイメージとは全く異なり、我が国のインフラは決して一流と呼べる水準にはない、という実態が明らかになった。

一方で、インフラの水準と人口や経済の動向を様々な角度から分析したところ、インフラ水準こそが、人口集積や経済成長をもたらしている実態もまた、明らかになった。

こうした実証結果は、「東京一極集中と地方経済、ひいては、『地方消滅』の危機をもたらしている問題の根幹にあるのは、じつは地方におけるインフラの停滞である」という事実を明確に示している。それと共に、昨今の日本経済低迷の背後にあるのは、日本全体におけるインフラ政策の停滞であるという実態もまた、明らかになった。

だからこそ「地方消滅」を回避し、地方を活性化すると同時に日本の経済成長を促すためには、世間一般で言われている様々な「改革」とは全く次元の異なる、「インフラ政策」を主体とした成長戦略を進めていくことが必要不可欠なのである。

ただし、仮にここまでの話を多くの人々が納得したとしても、次のような反発が巻き起こってくる。

「たしかにインフラの重要性はわかった。だけど、そんなおカネ、我が国にはもうないじゃないか！ そんな絵に描いた餅のような話をいくらしたって、仕方ないじゃないか！」

一例として、先に紹介したテレビ番組のネット動画の、次のようなコメントを紹介しておこう。

「藤井さんの構想はできる前に大阪が潰れてます。（中略）藤井さんの構想は百年以上かかって、かつ税金を湯水の如く投入しないと実現できません」

このコメントに代表されるようなイメージを持つ読者は、やはり多いのではないかと思う。

しかし、そうした認識は、完全な事実誤認である。すなわち、**こういう言説もまた、質の**

悪い「デマ」に過ぎない。

ただし、こうした言説が「デマ」であるということを十全に理解いただくためには、経済に関するいくつかの議論を理解いただくことが必要である。

これまでのインフラ論はこうしたデマにさらされた時、経済学的に反論が十分できず、こうしたデマによって無力化されてきた、という経緯がある。したがって、本書『超インフラ論』では、それがいかなる意味においてデマであるのかを明らかにしていく必要がある。

ついては本章では、各種データを用いた経済政策論について論じつつ、経済財政政策としてのインフラ政策の重要性を論じたいと思う。

とは言えもちろん、短期間に何千兆円もの予算を投入して全国のインフラをつくり始めたとしたら、前述のコメントが主張するように、政府が破綻する可能性は当然考えられる。しかし、かつての半分以下にまで削減され続けてきた我が国のインフラ政策の費用（一〇二ページの図4―1を参照されたい）を少々増やして、かつての水準に近づけることで「日本が破綻」するようなことなどありえない。したがって、そうした言説を口にする人々の大半は、「インフラ関係予算が半分以下にまで削減されている」という初歩的な事実をすら、認識していないのが実態なのである（またそういう方々は自国通貨建ての国債を発行している国家政府がその償還によって破産してしまったケースなど存在していない、という事実も認識していないようである。通貨発行権を持つ政府が、自国通貨での借金で破綻するということは、原理的に考えられないという初歩的な知識が欠落しているのである)。

◆「インフラ投資をしても景気は良くならない」という経済学的デマ①

さらに言うなら、そういう人々は、インフラ投資を行うことが、「デフレ下」にある我が国の経済を活性化し、税収を増やす効果を持つ、という経済学的に自明の効果の存在を認識していないようでもある。

ただしこの点については、多くの読者も認識していないのではないかと思う。あるいは、自分は経済学に詳しいと自認している読者（あるいは、政府の諮問会議のメンバーになるような職業的経済学者）からは、猛烈な反発もあるのではないかと思う。

なぜなら、経済学会では「インフラ投資をしても、結局、景気は良くならない」という説（リカードの等価定理や、クラウディングアウト説、マンデル・フレミングモデル）を信じ込んでいる方が多数に及ぶからだ。

これらの説はもちろん、ある条件を満たせば成立するものではある。しかし、その条件が満たされていない限り、使えないものだ。「理論」というものは、そもそもそういうものだ。そして事実、**これらの説はいずれも今の日本には当てはまらないものばかりなのである。**すなわち、それらの理論・モデルは、今日のデフレ経済の状況を想定したものとなっていない一方で、我が国は今、明確にデフレ経済なのである。しかも、それらの理論は、マルクスやアダム・スミス、リストが論じ、そして、前章までで様々なデータで確認した「インフラの高度化によって経済成長がもたらされる」という効果を、一切考慮しないものなのである。

論より証拠。

デフレ状況下のインフラ投資が、マクロ経済ならびに「税収」にどれだけのインパクトをもたらしてきたのかを、確認してみることにしよう。

筆者は以前、中央政府が行う「インフラ投資額」の推移と、「名目GDP」「税収」の推移との関係を、統計的に分析したことがある。用いたデータは、日本がデフレに突入した一九九八年から二〇一〇年までの十二年間である（詳細は、「デフレーション下での中央政府による公共事業の事業効果分析」藤井聡『科学・技術研究』2(一)、五七～六四ページ、二〇一三を参照されたい）。

その結果、中央政府のインフラ投資額の一兆円の増減は、名目GDPの五・〇五兆円の増減に結びついているという結果が示された（なお、この結果は、いわゆる公共投資の乗数効果を示すものではない。そもそも、公共事業そのものは、地方政府のそれも含まれるからである。そして、日本全体の公共事業の総額は、中央政府のインフラ投資額のおよそ二・五倍程度の水準にある。したがって、この五・〇五兆円という数字から、一般的な乗数、つまり、公共事業一兆円に対してGDPがどれだけ増えるのか、という値を推計すると、二・〇一となる。つまり、**公共事業を一兆円増やせばGDPは約二兆円増える**のである）。

この結果は、**インフラ投資を中央政府が一兆円増やせば**、それにあわせて地方政府のインフラ投資も増え、そうして日本全国で公共主体によるインフラ投資が活性化し、それがさらに民間の消費や投資を刺激することを通して、**最終的に五兆円規模でGDPが拡大すること**を意味している。逆に言うなら、中央政府が一兆円のインフラ投資削減を行えば、日本全体の名目GDPが平均的に五兆円規模で縮減することとなるわけである。

実際、図4―1（次ページ）をご覧いただきたい。インフラ投資額は年々減少し続けているが、それにあわせて、（輸出の影響を排除した）名目GDPも下がり続けている（さらに詳しく見ればインフラ投資を拡大した二〇〇五年や二〇〇九年、二〇一二年においては、その年から

図4-1　インフラ投資額（中央政府）と名目GDP（輸出の影響排除後）の関係

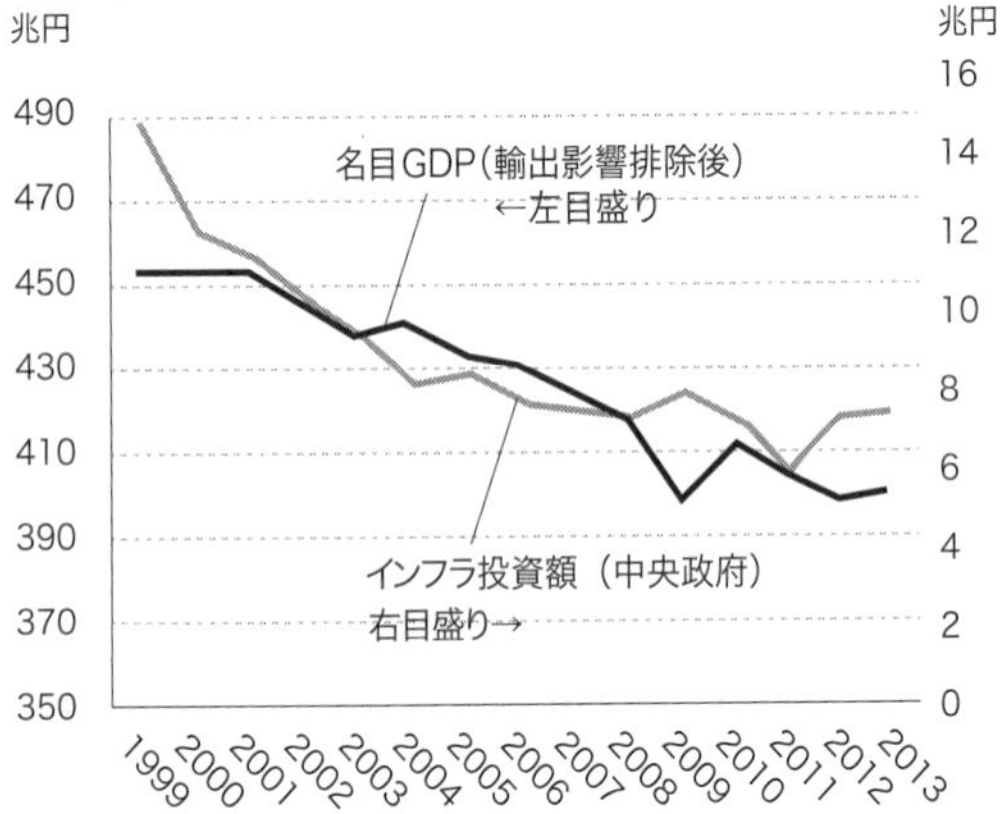

（相関係数=0.80）

翌年にかけて名目ＧＤＰの「低下」が「減速」している様子が見て取れる。一年程度の時間遅れが伴うのは、投資による景気刺激効果が現れるのに、おおむね一年程度の遅れが生ずるためである。なお、二〇〇九年におけるＧＤＰの急激な落ち込みはリーマンショックによるものである）。

そして、両者の相関係数は〇・八（最高水準が一・〇）と、極めて高い水準にあることが示された（なお、投資の効果が出現するまでの時間遅れ〈タイムラグ〉を想定し、一年ずらした相関係数をとれば、その水準は実に〇・八七と、さらに高いものとなった）。

これが、現実のデータに基づく、日本のインフラ投資と日本経済の関係なのである。つまり、「インフラ投資をしても景気は良くならない」という経済学的言説は、少なくとも九八年以降のデフレに突入した後の日本には当てはまらないものなのであり、したがって、今の日本の状況においてインフラ投資の無効性を主張するあらゆる言説は、**結局は「デマ」**だと言わざるを得ないのである。

◆「インフラ投資をしても景気は良くならない」という経済学的デマ②

ところで、二〇〇八年のリーマンショックにおいては我が国のみならず、あらゆる国においては「需要不足のデフレ状況（あるいはそれに準ずる状況）」に陥った。その後、各国は様々な対策を行ったのだが、もしも、多くの経済学者が言うように、「インフラ投資をしても景気は良くならない」としたら、そのような結果が得られているはずである。彼らが正しければ、リーマンショックのために景気が低迷し、それにあわせて公共投資を拡大していった国々は、愚かなことに借金だけを増やし、景気回復などできていないに違いない。例えば、アメリカや中国等、様々な国家は、徹底的な投資拡大を行ったのであるが、彼らは馬鹿々々しい愚かな政策を行った、という結果が得られているはずである。

しかし、実際にデータを分析してみたところ、多くの経済学者の言説が見事に裏切られる

図4-2　各国のリーマンショック後の名目GDPの回復率と、インフラ投資額の変化率との関係。（相関係数は0.38）

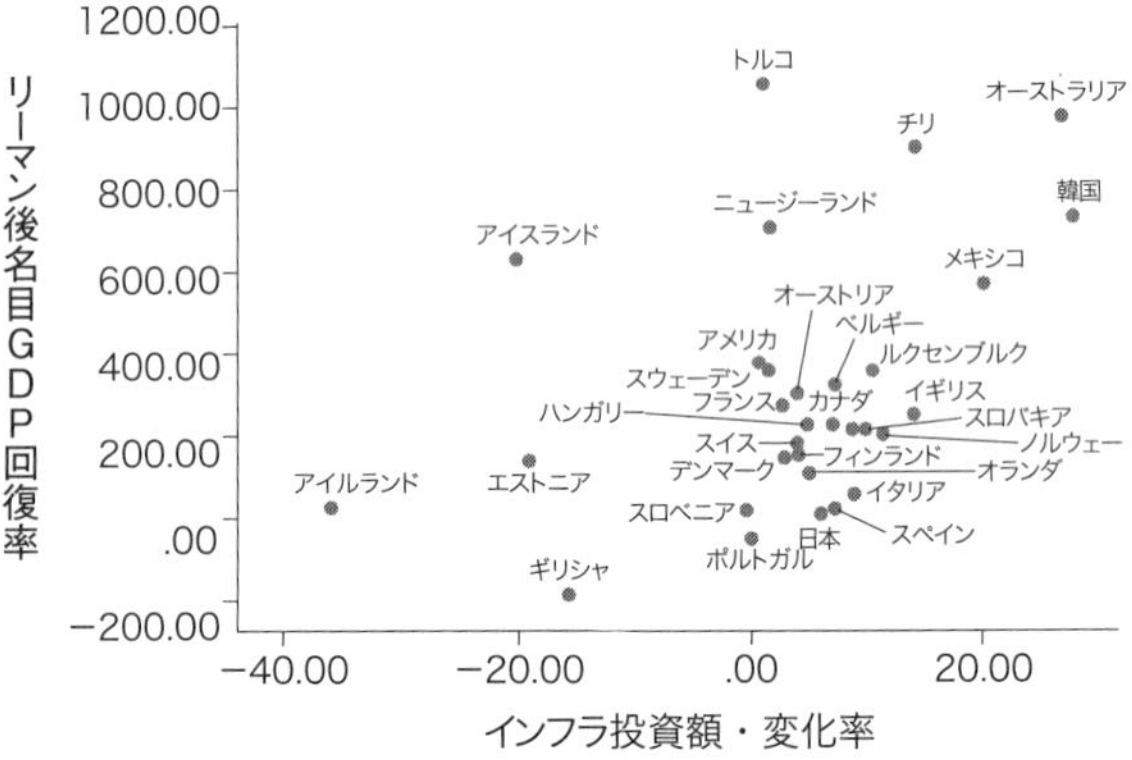

出典：前岡健一郎、神田佑亮、藤井聡「国民経済の強靭性と産業、財政金融政策の関連性についての実証研究、土木計画学研究」『土木計画学研究』講演集、Vol.48，2014

結果が示された。

すなわち、リーマンショック後のGDP回復率は、図4―2に示したようにインフラ投資を拡大した国家の方が高く、インフラ投資を縮小した国家の方が低いという結果が見られたのである。

なお、両者の相関係数は〇・三八という水準であったが、筆者が確認した金融政策の程度も含めた二五の指標のうち、マクロ経済に統計的な影響を及ぼしている変数は、このインフラ投資額の変化率ただ一つであったことも、申し添えておきたい。

つまり、リーマンショックという不況から脱出することができたのは、いち早く景気刺激策としてインフラ投資を大きく断行した国々であり、それができない国は、長期的な景気の低迷に苛《さいな》まれる結果となったのだった。

この結果からも、少なくとも今日のデフレ状況下では、「インフラ投資をしても景気は良くならない」というエコノミストや経済学者たちの言説がいかに**「デマ」**に過ぎないかをご理解いただけるものと思う。

◆デフレ期においては、「インフラ投資」で税収増が期待できる

さて、中央政府のインフラ投資がこれだけのインパクトを持つ以上、税収そのものにも大きく影響することになる。その水準は、じつに一・五八兆円。つまり中央政府が一兆円のインフラ投資を行えば、最終的に日本全体の税収が一・五八兆円増加することを意味している。

なお、中央政府の一兆円のインフラ投資は、日本全国の公共投資二・五兆円につながるものであることから、**二・五兆円の公共投資で一・五八兆円の税収が増える**ということも言えるのだ。

これは、**今の日本で中央と地方政府が協力してインフラ投資を行えば、その資金の半分以上がすぐに政府に戻ってくる**、ということである。

図4-3　インフラ投資費（中央政府）と総税収（輸出の影響排除後）の関係

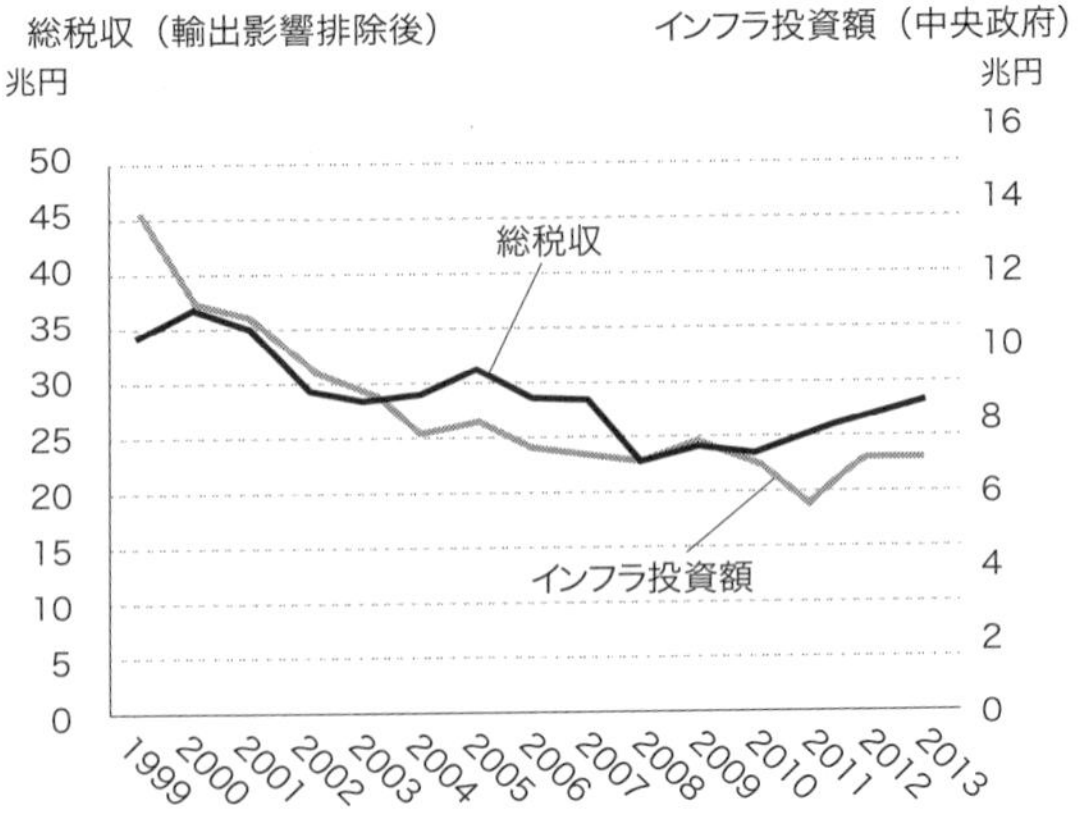

（相関係数＝0.82）

上の図4―3をご覧いただきたい。この図に示したように、一九九八年以降、我が国がデフレに突入してからインフラ投資費が削られていくに従って、総税収（このグラフでは輸出に伴う税収を除去した値を用いている）が減少していく様子が明らかに示されている。

そして、二〇〇五年と二〇〇九年にインフラ投資を増加させた時には、税収も増加している様子が見て取れる。同じく、二〇一二年と二〇一三年にかけてインフラ投資を増やした時期においても、税収の増加が確認できる。

つまり、インフラ投資を削れば税収は減少し、インフラ投資を増やせば税収は増える、という傾向が、九八年のデフレ突入以降、明確に存在しているのである。

なぜ、インフラ投資にはそんなに大きな税収刺激効果があるのかと言えば、次のようなメカニズムがあるからだ。

まず、インフラ投資によってＧＤＰが増えれば、その分だけ税収が増加するのは当然である。ただし、インフラ投資が税収に及ぼす影響は、それだけではない。

そもそもインフラ投資によって民間企業が仕事を受注することで、民間企業の収益が一部改善すると同時に、国民の所得が増加する。それによって民間の消費と投資が活性化し、「デフレ」が緩和する（実際、一九九八年以降の中央政府のインフラ投資額は、デフレの程度を表す「デフレータ」と強い関係があることが実証的に示されている。両者の相関係数は〇・八八という極めて高い水準だった）。

一方、デフレが緩和すればするほどに、「ＧＤＰ全体に対する総税収の割合」が増える、という傾向がある。次ページの図４―４をご覧いただきたい。これは、一九八〇年から今日に至るまでの「ＧＤＰに対する総税収の割合」の推移を示している。ご覧のように、日本がデフレに突入した後には、ＧＤＰの平均で約九・三パーセントしか税収として政府に入ってこない様子がわかる。ところが、日本がデフレに突入する以前には、その割合はデフレ突入後よりも高く、平均で一一・四パーセントもの税収が政府に入ってきていたのである。

図4-4　GDPに対する税収の割合の変遷

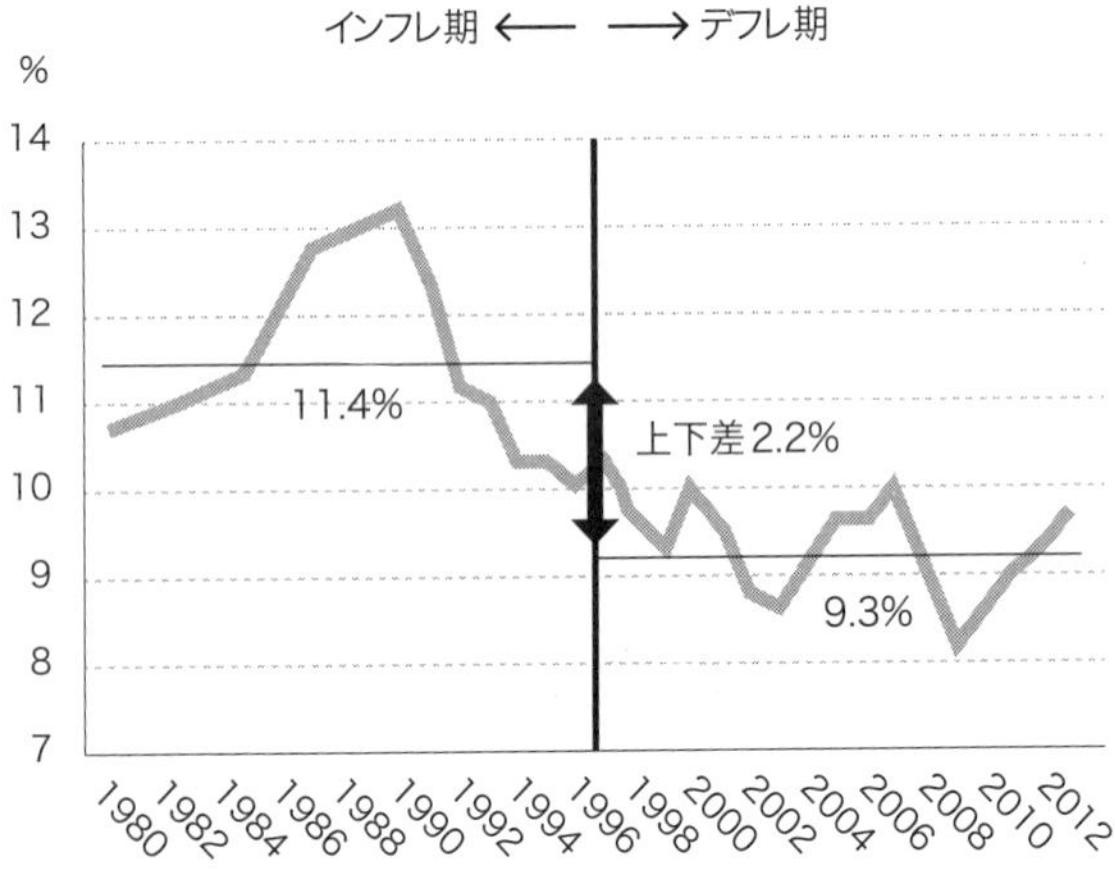

つまり、少なくともデフレ期においては、政府がインフラ投資を拡大すればデフレは緩和し、それを通して「GDPに対する総税収の割合」が増進していくのである。したがって、今日のようなデフレ期においては、インフラ投資を拡大すれば、GDPが拡大するのみならず、GDPに対する税収の割合も増進し、それを通して、税収それ自身がトータルとして増加していくこととなるのである。これが、中央政府が一兆円のインフラ投資を行うことで、一兆円以上の税収が増加するメカニズムである。

◆「インフラ投資」が逆説的に財政再建をもたらす

以上の議論を踏まえるなら、少なくとも今日のようなデフレ状況下では、**インフラ投資は逆説的に「財政再建」をもたらす**という「真実」が見て取れることとなる。

ただしここで重要なのは「財政再建」とは何か、ということである。

しばしば、「プライマリーバランスの黒字化」が財政再建目標とされているが、これは、政府の最終目標ではない。政府の国際公約では、プライマリーバランスはあくまでも「中間目標」であって、最終目標はまた別にある。

「債務対名目GDP比率」である。

これは、政府の借金の合計値が、日本の名目GDPに対してどれくらいの比率なのか、という値だ。政府の公式文書では、この「債務対名目GDP比率」の「発散」を防ぎ「低下」させていくことが目標として設定されているのである。そして、そのための**「手段」**として、プライマリーバランス、つまり政府の支出と収入のバランスを黒字化させていくというアプローチを採用すると書かれているに過ぎない。

この点は多くの国民が勘違いをしているところではないかと思われる。極めて重要なので繰り返すが、**プライマリーバランスの改善は、財政再建の「手段」であり「最終目標」ではないのである。**

そして重要なのは、「債務対名目GDP比率」は、プライマリーバランスが黒字でなくても、「低下」させていくことができる、という点だ。それは「分子」の債務の縮小だけでなく「分母」の名目GDPが拡大することでも達成できるのである。

むしろプライマリーバランスを黒字化させるために、無理をして政府支出を削減していけば、その翌年、翌々年の景気が後退し、名目GDPが縮小し、それを通して、中長期的に税収が低迷していくことにもなる。したがって**プライマリーバランス目標にこだわりすぎ、無理をして緊縮路線を進めば、経済成長ができなくなるばかりか、財政が悪化するのは必定**なのである。

折しも安倍内閣は今、「成長」と「財政再建」の両者を目指すことを宣言している。この両者を達成するためにも、プライマリーバランスを黒字化するために、無理をして政府支出の削減を行うという方針は、絶対に避けなければならない。

一方でプライマリーバランスというものは、経済成長期には黒字化し、経済後退期には赤字化する性質を持っている。したがって、経済成長を導けば、自ずと黒字化し、目標は達成されることになるのである。

つまり、**プライマリーバランスの改善には、「成長による自然回復」と「緊縮財政による**

人工的回復」の二種類があるのだ。

そして成長と財政再建を同時に追う安倍内閣が目指すべきものは、後者の「緊縮財政による人工的回復」では断じてない。「成長による自然回復」こそを目指さねばならないのである。すなわち、**プライマリーバランスの黒字化を過剰に重視することを避け、「経済成長」を目指すことが、成長と財政再建を同時に達成するための「唯一の道」**なのである。もしも、プライマリーバランスの黒字化を「緊縮財政による人工的回復」でもって目指せば、もう一つの目標である「経済成長」を手に入れることができなくなるばかりか、中長期的にプライマリーバランスそれ自身が悪化していくという、最悪の未来を迎えることとなってしまうのである。

◆「インフラ投資」による三種類の経済効果──ストック効果・フロー効果・期待効果

成長と財政再建を目指すのなら、まずは成長を目指すべき──これが、以上に述べた議論のもっとも重要な帰結だ。

そうであるとするなら、あとは（プライマリーバランスの黒字化を短期的にはさておきつつ）いかにすれば経済成長が達成できるのかの議論に注力すればよい、ということになる。

その時、以上に繰り返し示した通り、インフラ投資は経済成長に結びつき、税収を増やすことが明確に示されている以上、**成長と財政再建の双方を目指すにおいて、インフラ投資を成長戦略から外して考えることほど愚かな選択は存在しない**、と言わざるを得ない。

もちろん、インフラ投資によって経済成長などできないという言説が存在していることは事実である。しかし、そんな言説はたんなる「デマ」に過ぎないことは、先に述べた数々のデータから明らかだ。それらデータはいずれも、インフラ投資を図ることで、様々な効果が発現し、最終的に経済成長に結びつく一点を、明確に示しているのである。

そして、そのインフラ投資による経済効果は、じつに多様であることもまた示されている。ついてはここで、より効果的なインフラ投資を進めるためにも、それには一体どのような経済効果があるのかを改めて整理しておきたいと思う。

第一に、インフラ投資には**「ストック効果」**という経済効果がある。これは、先の章で詳しく論じた「できあがったインフラが、生産性の向上等をもたらし、経済成長を導いていく」という、インフラにおけるもっとも本質的な経済効果だ。アダム・スミスやマルクス、リストらが論じたのは、まさにこの効果である。先に紹介したキャメロン首相が論じたものも、このストック効果である。そして今日の日本で言うなら、**インフラ政策が「アベノミク**

スの第三の矢＝成長戦略」の要となりうるのはこのストック効果があるからである（なお、これがストック効果と呼ばれるのは、できあがったインフラストックがもたらす効果だからである）。

第二に、**「フロー効果」**という経済効果がある。これは、主として本章で論じたものであり、インフラ投資によって大量の資金が市場に注入されることで、景気が刺激される効果である。一般に、この「フロー効果」を企図した対策が、アベノミクスの「第二の矢」と呼ばれるものである（なお、これがフロー効果と呼ばれるのは、インフラストックをつくる過程で、政府支出によってキャッシュフローが直接発生することによる効果だからである）。

そして最後に**「期待効果」**という経済効果がインフラ投資には期待できる。これはインフラ投資についての「プラン」を策定し、それを「広く公表」することで得られる効果だ。例えば、熊本市に新幹線が開通することで、熊本市への人口集積が促されたが、そうした人口集積は「開通する以前」から始まっていたものであった。それは、熊本市に新幹線の駅ができるという「プラン」が公表されていたために、新幹線の駅前には近い将来、人が集まるだろうという「期待」が民間の間に共有されたためである。そして、新幹線が開通する以前から、その「期待」に基づいて、駅前には様々な投資が進められたのである。

これが「期待効果」であり、金沢市でも富山市でも、この「期待効果」ゆえに、官民あわせた様々な投資が先行的に進められたのである。

これに加えて、インフラ投資プランが「公表」されれば、その投資を受注する可能性のある企業は、将来の受注に備えて、人を増やしたり機械を増やしたりする「先行投資」が行われる可能性が生ずる。これもまた「期待効果」の一種である（なお、あえて分類すれば前者の期待効果がストック効果にかかわるものであり、後者に関するものがフロー効果に関するものである）。

いずれにせよ、こうした期待効果が明確に存在することから、どうせインフラ投資を行うなら、あらかじめ「プラン」を策定し、それを「公表」しておくことで、インフラ投資の経済効果を最大化することが可能となるのである。

◆三つの効果が発現するタイミングとプライマリーバランス問題

ところで、以上に述べた「ストック効果」「フロー効果」「期待効果」が、財政支出後、実際に発現するまでのタイミングは、それぞれ異なる。

まず、ストック効果はこれらの中でももっとも遅れて発現するものである。言うまでもなく、ストック効果はインフラストックが形成されてはじめて発現するものだから、通常は財政支出の開始後、数年~十数年後、場合によっては数十年後になる。とりわけ、道路や鉄道などのネットワークにかんしては、一部区間だけが整備されても、ほとんど使い物にはならない。だから、長い時間をかけてインフラ投資を続け、主要都市同士がつながり、ネットワークが形成された時にはじめてそのストック効果が発現することになる。

こうした点から考えても、中長期的な成長戦略=第三の矢の柱として、インフラ投資を位置づけるにあたっては、このストック効果を主眼に置くことが肝要となる。

一方、「期待効果」については、もっとも短期間に生ずるものである。というよりもむしろ、「期待」は、財政支出が実際に行われる「以前」に形成されるものであるから、その一部は、財政支出を待たずして発現することになる。ただし、実際のフロー効果、ストック効果が目に見えて現れてくれれば、さらに期待が膨らむという効果も考えられる、という点は付言しておきたい。

最後に、「フロー効果」については、発現するまでの時間は、もちろんストック効果のそれよりもさらに短いが、通常は、財政支出をしてから、一年から二年後に生ずるものである。すなわち、**フロー効果は財政支出から一年程度の時間遅れ（タイムラグ）を伴って発生するのである。**

なぜなら、財政支出によってマーケットにキャッシュが注入されても、それを受け取り、使うべきキャッシュを使い切るまでに、どうしても、数カ月以上の時間はかかってしまうからである。とりわけ、ある「年度」の財政支出の多くは、一月から三月にかけて民間市場に注入されるものであり、したがって、そうした財政支出の直後からキャッシュフローが活性化したとしても、その効果が統計的に計上されるのは「次年度」となってしまうのである。

こうした理由から、財政支出を行っても、そのフロー効果の多くの部分は、**「次年度」の統計に計上されること**になるのである。さらには、「税収」という形で政府に跳ね返ってくるにはさらに時間がかかる。それゆえ、**財政支出によって税収が増える、という効果は、一年後から二年後にかけて発現していく**ことになる。

先に、「過剰にプライマリーバランス（以下、ＰＢ）に配慮することは、かえって財政を悪化させる」と述べたが、その重要な理由は、以上に述べたように、インフラ投資による経済効果は、発現までに最低一年程度の時間的な遅れを伴う、という点にあるのだ。

この点を忘れれば、インフラ投資による景気刺激策は、あらかた無視されてしまうことになる。

なぜなら、そもそもPBとは、「その年度の税収」と「その年度の支出」によって計算されるものであるから、この中には、インフラ投資による景気刺激効果とそれに伴う税収拡大効果は、ストック効果によるものは言うに及ばず、フロー効果によるものですら入っていないのである。だから、**インフラ投資を行えば、その年次のPBはただただんに「悪化」すること**になる。

ただし、このPBの悪化は言うまでもなく「短期」のものであって、翌年以降、フロー効果の発現によって改善していくのだが、この「短期の悪化」を恐れて、インフラ投資を抑制してしまえば、翌年以降の「財政改善」が見られなくなってしまう。したがって、**PBの「悪化」を機械的に避ける、というような財政政策方針を採用すれば、自動的にインフラ投資は抑制され、フロー効果が発現せず、税収増が見込めず、最終的にかえって「翌年や翌々年のPBが悪化する」**ことになってしまう。

だから、インフラ投資を通して景気対策を図る上においては、「PBの悪化を機械的に避ける」という方針だけは断じて避けなければならないのである。

一方で、インフラ投資を行えば、その翌年からフロー効果によって景気が刺激され、税収も拡大する。それゆえ、数年間かけてインフラ投資をしっかりと行えば、そのフロー効果によって景気は上向き、税収も増え、最終的にPBも改善する。

したがって、財政再建のためにPB目標を掲げるとするなら、短期ではなく、「中長期的に達成する」という目標にしなければならない。そして、その目標が達成されるまでのプロセスでは、インフラ投資を拡大した年次における「一時的なPBの悪化」を当然のものとして許容する姿勢が重要だ。さもなければ、インフラ投資によるあらゆる経済刺激効果を享受できなくなり、成長と財政再建の両者を逃してしまうことになるのである。

◆日本経済を直撃した消費税増税

ところで、もちろん今の日本経済が順風満帆であるなら、成長戦略など不要だ、ということになろう。だから、インフラ投資による成長戦略を考えることもまた、必要ない、ということになる。

しかし、残念ながら本書執筆時点（平成二十七年六月）において、我が国の景気は、決して好調とは言えないのである。株価だけはある程度の水準にあるものの、様々な経済指標は、デフレ脱却には未だほど遠い状況にあることを示している。

図4-5　鉱工業生産指数のモメンタムの推移(現在と1997年増税時前後)

注：鉱工業生産指数のモメンタムとは、生産の前年比から在庫の前年比を引いたもの。
出典：経済産業省公表資料を基にドイツ証券作成

図4-6　実質消費（対前年比%）の推移

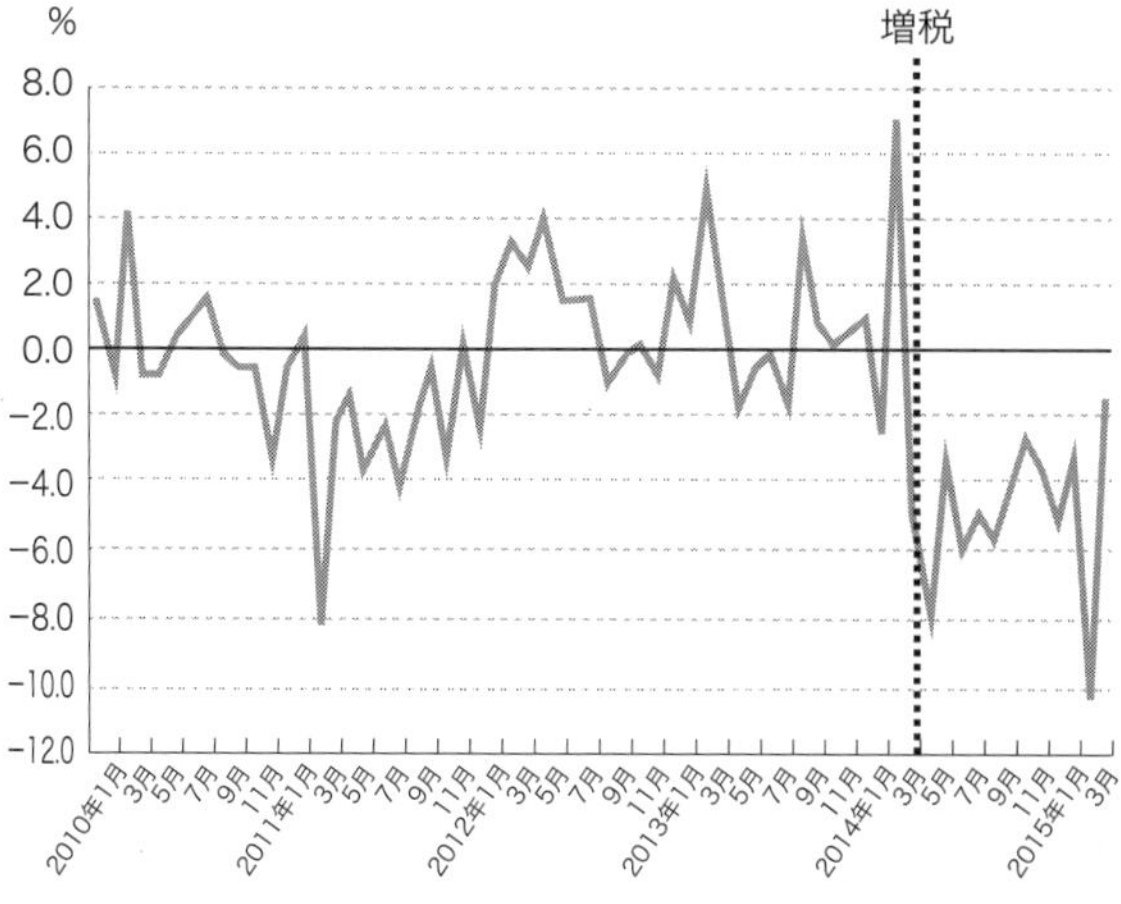

図4-7　増税を境としたＧＤＰの推移

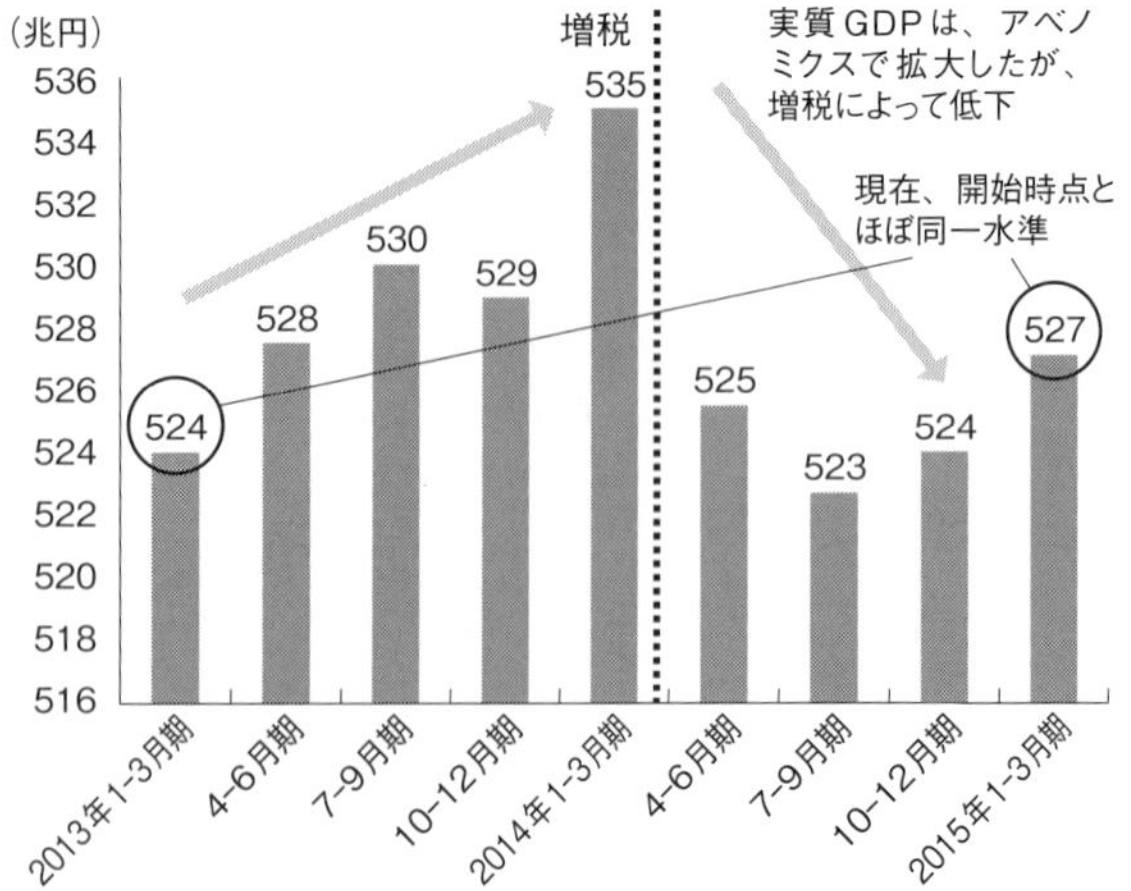

例えば、図4―5に示したように、日本の工業の生産の勢いを示す尺度（鉱工業生産指数のモメンタム）は、二〇一二年にアベノミクスが開始されてから上昇していたものの、増税を契機として再び下落し、現時点ではアベノミクスが始められる直前とほぼ同水準にある。

なお、この図4―5には一九九七年の消費税増税（三パーセント→五パーセント）時の、同指標の推移も掲載しているが、その軌跡は今日のそれとほぼ同じだ。もちろん、一九九七年の増税といえば、我が国を（今日に至るまで脱却できていない）「デフレ」に叩き落とした主要因だ。だから、**平成二十六年の八パーセントへの消費税増税によって、我が国の**

経済が九七年増税と同様に長い不況へと叩き落される危惧は、極めて現実的に懸念されるところなのである。

一方、一般世帯の経済活動の尺度である「消費」（実質）についても、消費税増税以降、低迷している。一一九ページの図4―6は、消費（実質）の対前年比の推移を示したものである。ご覧のように、消費税増税以後、「マイナスの領域」で推移している。すなわち「世帯の消費は減り続けている」のである。

このように、増税後、経済活動は世帯においても企業においても低迷し続けているのである。

そうなれば当然、GDPは増税によって落ち込むこととなる。実際、右の図4―7に示したように、増税前は「アベノミクス」によってGDPは拡大していたのだが、その拡大分はきれいさっぱり増税によって失われてしまっている。そして、アベノミクス開始時点の水準に逆戻りしてしまったのが現状なのである。

◆日本経済が直面している「今、そこにある危機」

このように現時点（平成二十七年六月）の日本経済は、「増税ショック」のために、未だに好調とは到底言えない状況に置かれている（株価が高く、多くの人々が好調の幻想を抱いているが、あれは過激な金融緩和で注入されたものの、実体経済の不調ゆえに行き場を失ったマネーが株式市場に流れ込んだ結果として生じた現象だ。だからこれは景気の好調さよりも不調さを示す現象なのである）。

しかも、我が国経済は、じつに様々な「今、そこにある危機」に直面してもいる。

第一に、「原油価格の上昇」が懸念される。

じつは、消費税が八パーセントに増税された直後に、原油価格が半額程度にまで下落し、その後もその水準が維持され続けているのだが、これが増税ショックを大いに和らげる「天佑」となったのである。その景気刺激効果は、年間六兆円から一〇兆円程度とも言われている。ということは、我が国の経済は、この「天佑」があるにもかかわらず、上述のような「微妙」な状況にあるということになる。だからもしもこの原油価格の低下がなければ、我が国はさらに深刻な状況に立ち至っていたわけである。

したがってこの原油価格がもとに戻れば、日本経済はやはり失速してしまう危機に直面する。

第二に、隣国・中国の経済のバブル崩壊が大いに危惧されている。むしろ、本書執筆時点

（二〇一五年六月）において、すでにその兆候が見られる状況となっている。これが本格化すれば、中国との輸出入を毎年一〇〜二〇兆円規模で行っている日本は、巨大な経済ショックを受けることは不可避である。

第三に、ギリシャもまた、近い将来に国家的な破綻が懸念されている。ギリシャが破綻すれば、中国危機と同様にそのあおりを受け、大きな経済ショックを受けることは避けられない。

そして最後に政府は今、平成二十九年四月に一〇パーセントへの消費税増税を予定している。八パーセントへの増税がじつに大きな経済低迷効果をもたらした以上、この平成二十九年の一〇パーセントへの増税は、再び日本経済に深刻なショックを与えるであろうことは決定的だ。

仮にこれらの危機が全てなかったとしても、今日の日本経済は未だ低迷を続けている以上、デフレを脱却して力強い成長を実現するためには経済対策が求められている。そんな状況下でこれだけの危機が存在するのだから、抜本的対策の実施は極めて重要な意味を持つことは論をまたない。とりわけ、平成二十九年の消費税増税が政府決定されている以上、それを撤回でもしない限り、何らかの抜本的な対策は絶対的に不可欠なのである。

◆危機に対応する「基礎体力」を

このように、我が国は今、少なくとも二年後に想定されている、一〇パーセントへの消費増税に耐えられるだけの「基礎体力」を身につけておかなければならない状況にあるわけである。

ではそのために、我が国は一体何をすべきなのだろうか？

ここではいったん、本書で述べてきたインフラ投資にこだわらず、包括的にこの問題について考えてみたい。

その際、やはり考える縁《よすが》となるのが、アベノミクスの三本の矢、である。第一の矢＝金融政策、第二の矢＝財政政策、第三の矢＝成長戦略、である。

まず、第三の矢＝成長戦略であるが、これはそもそも中長期的な戦略であり、二年後の消費税増税ショックに向けた基礎体力づくりのための手立てとしては、直接活用することはできない。

しかも、第三の矢の重要項目である自由貿易の推進は、ギリシャ危機や中国危機の存在を踏まえれば、それを推進することがかえって我が国の経済を脆弱《ぜいじゃく》化させかねないものである点で留意が必要だ。さらに言うなら、第三の矢における様々な自由化路線は、競争を激化し、基礎体力の相対的に弱い法人や個人の収益・所得を低減させる圧力をもたらす。そうした圧力は、最終的に法人、個人の消費や投資を委縮させる「デフレ効果」をもたらす危険性がある点にも留意が必要であろう。

いずれにしても、デフレ脱却をもたらす短期的な経済対策としては、第三の矢は必ずしも得策ではなく、第一と第二の矢のいずれか、あるいは、双方で対応を考えざるを得ないわけである。

ただし、それらの二つの矢の一方である第一の矢については、すでに二度の金融緩和を通して凄まじい規模で敢行されてしまっており、継続するという道はありうるものの、さらなる追加を考えることは現実的に難しい状況にある。

そうである以上、**消去法で考えても、今日の状況を考えれば、結局は第二の矢しか現実的に残されていない、ということになる。**

そうなった時、重要な方針は、次の二点となる。

第一に、これから二年間の短期的な消費税増税ショックに向けた基礎体力づくりにおいては、先に述べたように、**プライマリーバランス改善にあまりこだわりすぎないようにすべき**

なのである。これにあまりにこだわりすぎれば、適切な水準で第二の矢を敢行することが不可能となり、結局、デフレ不況状態が放置されたまま一〇パーセント増税に突入し、日本経済は二度と立ち上がれないほどの大ダメージを負ってしまうこととともなりかねないからである。**中長期的な財政再建のためにも、プライマリーバランス改善にこだわりすぎるのは愚かな態度に過ぎないのである。**

第二に、景気刺激策としての第二の矢を打ち抜くとはいっても、無尽蔵の財源があるわけではない。追加的な財政支出を行うといっても、せいぜいGDPの数パーセント程度のオーダーで、第二の矢を毎年組んでいかざるを得ない。つまり、財源は限られているのである。だとすると、その**限られた財源の中で、国益を最大化する支出項目を選定していくことが是が非でも必要**だ。

一般に、そういう財制政策の考え方を「**ワイズスペンディング**」という。限られた財源を「賢く（ワイズ）使う（スペンディング）」という姿勢である。

◆合理的な「アベノミクス投資プラン」が日本を救う

では、一体どのようにすることが、限られた財源をかしこく使うワイズスペンディングとなるのか――この問題こそが、今、我が国が考えなければならない、文字通りの「最」重要課題である。

言い換えるなら、**以上に論じてきた経済問題の全ては、結局は、この第二の矢のための「ワイズスペンディング」の具体的な中身は何かを考えるべきだ、という問題に収斂《しゅうれん》する**のである。

そしてこの**ワイズスペンディングに基づく経済対策を進める上で、合理的な「インフラ投資プラン」を策定し、それを広く公表していくことは、極めて効果的であることは論をまたない**のである。

先に取りまとめたように、インフラ投資は、短期的にはその事業を進めるという点でフロー効果（第二の矢効果）をもたらすと同時に、中長期的には、できあがったインフラが経済成長を牽引《けんいん》するという効果（第三の矢効果）を発揮する。そして、そのインフラ投資の「プラン」を策定し、公表すれば、それだけで「期待効果」によって民間投資を促進する効果を発揮することも期待される。

つまり、インフラ投資プランの策定と公表は、**限られた財源を最大限に活用する**にあたって極めて効果的な手段なのである。

もちろん実際にはこのインフラ投資プランを基軸として、その他の各種の支出項目（中小企業対策、研究・教育政策、医療政策等）を組み合わせ、それらの有効性を吟味しながら優先順位を徹底的に議論することが必要である。ただし、インフラ政策には上記のような総合的な効果が明確に存在している以上、インフラ投資プランを主要な柱としないことなど、ありえない選択だ。

では、より具体的なインフラ投資プランをどのように考えていけばよいのかと言えば、それは必ずしも、今からゼロベースで考え始める必要はない。

なぜなら安倍内閣では、誕生以来二年以上にわたって、アベノミクスを中心として様々な国家プロジェクトの検討を重ねてきた経緯があるからだ。

経済対策としてのインフラ投資プランを考えるにあたって、もっとも参考にすべきは、アベノミクスの成長戦略として策定された「**日本再興戦略**」だ。この中には、リニア新幹線や各地域の新幹線整備、エネルギー戦略、教育・研究戦略等、様々な項目が記載されている。

また、それと並行して議論が重ねられてきた地方創生や国土強靭化、さらにはそれらを踏まえた国土形成計画の議論もまた、重要となる。

つまり、これまでの安倍内閣で重ねられてきた、アベノミクスをはじめとする様々な議論

において様々な「投資」項目を抽出し、それを合理的に組み合わせた、

「アベノミクス投資プラン」

を、例えば**五カ年**を目途に策定し、これを広く公表していくことが、今求められているのである。そうすることではじめて、様々な地域や産業において「期待効果」が生まれ、民間投資の促進が期待できる。それが推進される過程で様々な「フロー効果」が発生し、それぞれの地域の経済が刺激され、民間投資や消費がさらに拡大していくことも期待できる。そうした投資で形成されたインフラが、それぞれの地域でその機能を発揮し、さらに経済成長を牽引していくことも期待されるのである。

これらの効果が総合的にあいまって、**我が国は本格的にデフレを終わらせ、本格的な成長を手に入れることができる**のである。

しかもそれらのプランは、デフレ脱却、経済成長のみならず、地方創生と国土強靭化、さらには、産業活性化や医療再生、農業再生、エネルギー戦略などの様々な政策目標を見据えたものである以上、そこで形成されたインフラは、それらの分野の活性化を牽引していくこ

ととなる。

そうした総合的な国益増進効果を持つ、**合理的なアベノミクス投資プランを敢行していくことではじめて経済成長がもたらされ、「逆説的」にもプライマリーバランスが改善され、財政が健全化されていくの**である。

同時に一〇パーセントへの消費税増税への「経済ショック」に耐えうる基礎体力を日本経済に身につけさせるとともに、その経済ショックを最小化していくための合理的な対策を、円滑に提供し続けることが可能となるのである。

一方で、**そんなアベノミクス投資プランが不在であれば、**こうした効果の全てを我々は失うことになる。**デフレから脱却できず、財政も健全化できない。**一〇パーセントの増税で我が国経済は深刻な経済ショックを被ると同時に、国土強靭化も地方創生も中途半端な水準のまま放置されてしまうことになるのである。

もしも、そうした暗い将来を避けたいのであるなら、今日の日本のマクロ経済状況、世界の情勢を見据えた時、日本経済の基礎体力を強化する「合理的なアベノミクス投資プラン」を策定し、果敢に遂行していく他に道はないのである。

以上を通してようやく、我々は具体的な投資プランの内容を論ずることができる地点に到達したことになった。ついては本書の後半では、その「アベノミクス投資プラン」の具体的なあり方を、論じていくこととしたい。

第二部　超インフラ論

――具体論――

第五章

なぜインフラで地方は再生するのか

◆今日の最大の政治課題の一つが「地方再生」である

「地方再生」は、「地域消滅」ということすらもが言われるようになった今日では、もっとも求められている政治目標の一つである。

言うまでもなく、地方再生は疲弊した地方の復活を意味するものであり、現在の政府も「地方創生」という大きな政策方針として、これを強力に推し進めようとしている。

しかも、地方再生は「東京一極集中の緩和」と表裏一体の関係を持つものである。地方から東京へのヒト、モノ、カネの一極集中が、地方の疲弊をもたらしたからであり、東京一極集中の緩和、是正こそが、地方再生の要となっている。

また、東京一極集中の緩和は、首都直下地震の防災対策を考える上で、もっとも大きな課題でもある。すなわち、東京一極集中の緩和をし、**東京から地方へのヒト、モノ、カネの分散**を図ることこそが、首都直下地震に対する日本全体の「脆弱性」を低め、日本全体を「**強靭化**」する上で、極めて重要なのである。

つまり、地方再生はただたんにその地域の人々の暮らし向きを良くするというだけの意味を持つのではなく、東京の「過密」の弊害を緩和するものであると同時に、巨大地震に対する国家的な強靭性を確保するためにも、是が非でも求められているものなのである。その意味において、地方再生は、我が国の最大の政治課題の一つなのである。

したがって、デフレ脱却を中心とした国家目標を見据えた**アベノミクス投資プランを考えるにあたっては、地方再生は重要要素の一つとしなければならない**のである。

◆最大の都市再生プロジェクトは「デフレ脱却」

もちろん、都市再生のためにはマクロからミクロに至るまで、じつに様々な取り組みが必要とされていることは論をまたない。それらを効果的に組み合わせた時にはじめて、都市再生が現実化されることとなる。

その中でもとりわけ重要なのが、日本のマクロ経済の「**デフレ脱却**」である。

しばしば、デフレ脱却と地方再生は、全く異なる政治課題として扱われているが、それは完全な認識不足、理解不足である。

そもそも、**デフレ脱却なくして日本の各都市の再生などありえない**。

日本がデフレである限り、日本中の産業、ビジネスの「客」は減り続け、企業収益も民間所得も低下していく。言うまでもなく、そうした民間企業はいずれかの都市・地域に立地し、国民一人一人もいずれかの都市・地域で居住しているのだから、デフレが深刻化すればするほど全国の都市・地域の活力が低下していくのは、当たり前だ。

しかも、不況が深刻化すれば、地方から都会への人の流れ、とりわけ、「東京」への一極集中の流れが加速する。経済環境が悪化すれば、民間企業はどの分野でも、少しでもビジネス環境が「まし」な地、すなわち都会、とりわけ大都会東京へと移転することになるからだ。

図5―1をご覧いただきたい。

この図は、三大都市圏の人口転入・転出の動向を示したものだ。縦軸は上に行くほど、その都市圏への転入が超過していることを示している。

ご覧のように、東京圏では、ほとんどの期間で「転入」が「転出」を上回っている（折れ線グラフが0より上に位置している）のがわかる。これは、東京一極集中が戦後、一貫して進んできたことを意味しているが、それでも、東京への転入が減少していった時期、すなわち、「東京一極集中が緩和していった時期」が二度ほどあることがわかる。

一度目が、一九六〇年から一九七〇年代にかけての約十五年間であり、もう一つが、一九八〇年代中頃からの約十年間である。この時期には、折れ線グラフが急激に右肩下がりにな

図5-1　三大都市圏の「過剰転入者数・転出数」の推移

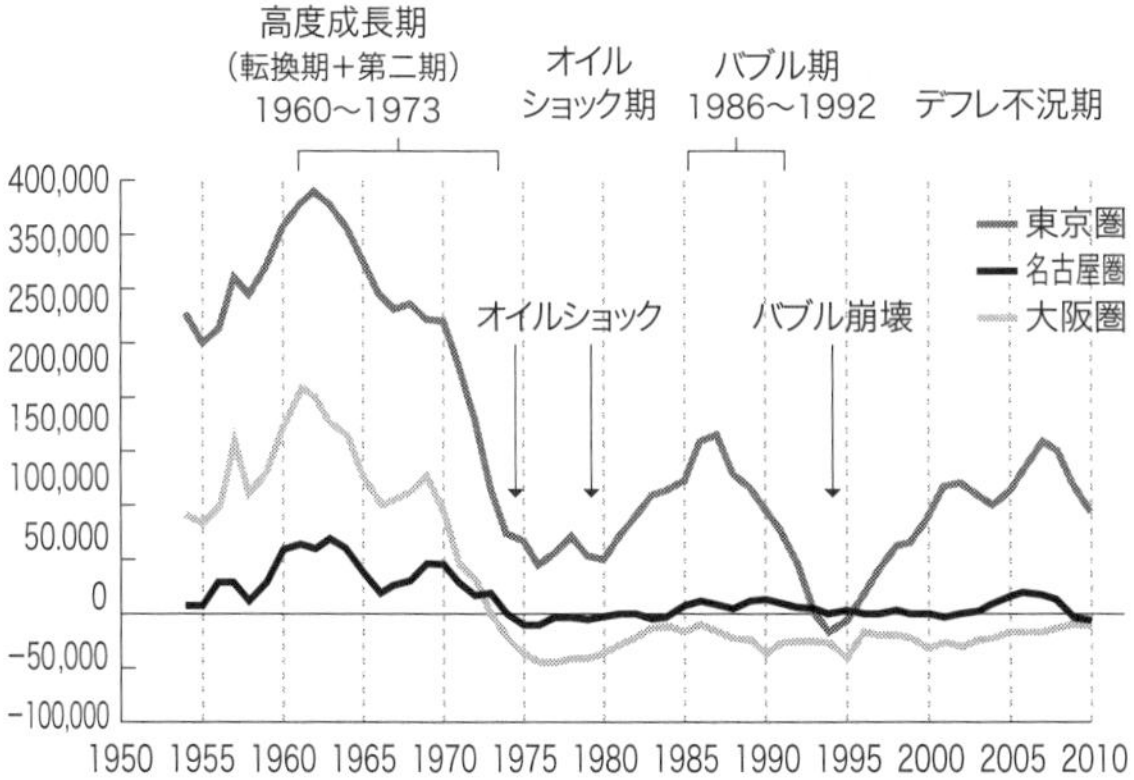

注：各圏に含まれる地域は次のとおりである。○東京圏…東京都、神奈川県、埼玉県、千葉県
○名古屋圏…愛知県、岐阜県、三重県　○大阪圏…大阪府、兵庫県、京都府、奈良県
資料：総務省統計局「住民基本台帳人口移動報告年報」

っていることが見て取れる。

この二つの時期は共に、空前の好況期である。前者がいわゆる「高度成長期」であり、後者が「バブル期」だ。好況期には東京の羽振りがよいので、逆に東京一極集中が進んでしまったようなイメージをお持ちの方もおられるかもしれないが、実態はその逆なのだ。

これは、日本全体の景気がよければ、わざわざ東京になど出向かなくても地方都市で十分に需要があるため、東京に移転しようとする動機がなくなっていくからである。

一方で、東京一極集中が進んでいった時期、つまりグラフが右肩上がりになっている時期は三回確認できる。

最初は一九六〇年までの、戦後復興期。二

つ目が、オイルショックからバブル期までの一九七五年から十年程度。そして三つ目が、一九九五年以降のバブル後のデフレ期である。

この三つに共通しているのは、いずれも戦後の日本経済の停滞期である、という点である。すなわち、これら三つの期間はそれぞれ、戦後不況、オイルショック不況、そして今日のデフレ不況の時期だったのである。これは先にも指摘した通り、景気が悪ければ、人々は少しでもビジネス環境のよい地を目指そうとするからである。必然的にヒト、モノ、カネが東京に集中してしまうのである。

ところで、東京圏への転入量は、好不況の影響を大きく受けているが、名古屋圏、大阪圏は、それほどまでに大きな影響は受けていない。高度成長期頃までは転入者数は大きく変動しているが、その後はほぼゼロ近辺を推移している。これは、不況になった時には、周辺地域から名古屋・大阪に向かうヒトの流れが生ずる一方で、名古屋・大阪から東京へと向かう流れも発生してしまうため、両者が相殺されてしまうためである。一方でトップである東京は、不況時には東京「から」の流出は最小化されるため、ただただヒトが集まるだけとなるのである。なお、大阪圏は、一貫して転出が上回っているが、これは、周辺から大阪への転入よりも、大阪から東京への転出が優越しているからだと考えることができる。

いずれにせよ、不況になればなるほど地方は疲弊し、都会でヒト、モノ、カネの集積が生ずるのであり、その中でもトップの東京が一人勝ちを収めていくようになるのである。

だから、デフレ不況中の我が国日本における最大の地方再生プロジェクトは、じつを言うと、今日の日本のマクロ経済の「デフレ脱却」なのである。

そして、デフレ脱却のために何が必要なのかと言えば——第四章で詳しく論じたように、今日の状況では「アベノミクス第二の矢＝積極的な財政政策」なのであり、そのための、「合理的なアベノミクス投資プラン」の策定と、その推進なのである（万一、この点について未だ疑問を持たれている読者は、是非とも第四章を改めてご確認願いたい）。

それゆえ、デフレ脱却を目指したアベノミクス投資プランの策定と実行において、本書にて述べる「地方再生」を果たすための各種の投資を進めていけば、それによって直接的な「地方再生」効果が発生するのみならず、その投資によってもたらされるデフレ脱却による地方再生効果もあわせて得ることができるのである。

つまり、**地方再生のための地方投資を全国で進めていくことは、地域的な「ミクロ効果」と、日本経済全体のデフレ脱却に伴う「マクロ効果」の、二重の効果をもたらす**のである。

◆地方再生のために不可欠な「都市間交通インフラ」

さて、地方再生のために大切な取り組みとして、デフレ脱却の次に挙げるべきものは、**「交通インフラ」で地域と地域をつないでいくことである。**

その重要性は既に第三章で論じた通りである。

なかでもとりわけ、都市の再生において重要なのが「新幹線」であった。過去のデータを振り返れば、新幹線が通れば、その沿線の都市が大きく発展し、数々の政令指定都市が生み出されていった一方で、新幹線が通らなければ人口減少は止まらなくなり、かつてはどれだけ大きな街であっても衰退を余儀なくされていったのであった。

一方、「高速道路」についても、「産業振興」において極めて大きなインパクトがもたらされていることがデータからも明らかに示されている。高速道路を通すか否かで、工業の成長率は二倍程度の差が生じ、商業について言うなら成長率は一〇倍程度もの差が生じている。

これらを踏まえれば、新幹線や高速道路といった基礎的なインフラで、他の地域、都市とつながれていない都市・地域においては、いち早くその整備を進めていくことが、地方再生にとって極めて重要な意味を持っていることは、火を見るよりも明らかなのである。

◆「都市・地域内の交通インフラ」はなぜ重要なのか

ただし、新幹線や高速道路のインフラ投資を進めていくためには、それなりの規模の予算が必要となる。したがって、その推進にあたっては、それぞれの地域の実情と、既に投資され、つくられているネットワークの状況を十二分に勘案しつつ、国家的見地から多様な様相を総合的に判断していくという姿勢が不可欠である。

一方で、そうした「都市間」のインフラのみならず、都市・地域「内」のインフラ投資もまた、地方再生において重要な意味を持つことを忘れてはならない。

のちほど具体事例を用いながら紹介するが、せっかく大きな予算を都市間の交通インフラに投資しても、都市・地域「内」のインフラ投資やその利活用が適切に進められなければ、巨大予算に基づく都市間交通インフラは「宝の持ち腐れ」となってしまう。一方で、適切な都市・地域「内」の都市間交通インフラ投資と利活用が適切に進められていれば、投資によってつくられた都市間交通インフラの機能を、最大限に発揮することが可能となる。

つまり、新幹線をはじめとする都市間交通インフラの有用性を活かすも殺すも、その予算のわずか「数パーセント程度」で実施可能な都市・地域「内」の交通対策次第なのである。

このことはつまり、今年や来年といった短期的な視点から考えた時には、「都市・地域内の交通インフラ」への投資とその利活用が地方再生の「鍵」であるということを意味している。言うまでもなく、五年や十年、二十年といった長期的な視点で考えた時には、都市「間」の交通インフラ投資が地方再生の活性化に不可欠であることは論をまたないものの、そうした長期的議論をじっくりと重ねながら、それと並行して、今年や来年といった視点から、都市・地域「内」の交通について徹底的な対策を進めていくことも強く求められているのである。

ついては、既に作り上げられている既存の都市間交通インフラの機能を最大限に活かすためにも、本章では、まず、都市・地域「内」の各種の交通対策について論ずることとしたい。その後次章にて、地域間の交通インフラのあり方を論ずる。

◆既存インフラを最大限に活用する「モビリティ・マネジメント」

都市・地域「内」の交通対策として、もっとも基本的なものが、モビリティ・マネジメント（Mobility Management：ＭＭ）と呼ばれる取り組みである（詳細は、二〇一五年八月刊行の『モビリティをマネジメントする』〈藤井聡他編著、学芸出版社〉を参照されたい）。

これは、日本では九〇年代後半から始められ、その後徐々に全国で普及し、今日では様々な都市、地域で活用されている取り組みである。その内容は、**当該地域の交通（モビリティ）を改善するために様々な努力を積み重ねていく（マネジメントしていく）**というものである。すなわち、**既存の交通インフラを最大限に活用**しつつ、**利用者を含めた様々な関係者が協力**し合いながら、小さな取り組みを総合的に積み重ねて当該モビリティを少しずつ改善していく取り組み、を意味する。

例えば、北海道の帯広の「十勝バス」は、このモビリティ・マネジメントを通して、過去四十年の間毎年減少し続け、ピーク時の五分の一にまで激減していたバス利用者数の減少を「食い止め」、その上で、地方都市のバス会社としては極めて異例といえる「V字回復」を果たし、「毎年の利用者の増加」を導いている。

この十勝バスによるモビリティ・マネジメントは、要するに「バス事業者による、徹底的な利用促進策」と言うことができる。つまりそれは、民間事業者としての徹底的なマーケティング策なのである。ただし、これは政策論的に言うなら、既存の道路インフラの民間事業者による利活用、と解釈することができる。そもそもバス事業とは、道路インフラを活用する事業だからだ。

この事例の特徴は、地域の人々の足（すなわち、モビリティ）を確保し、地域を活性化したいと考える行政（帯広市という地方自治体と、国土交通省）とバス事業者（十勝バス）とが協力しながら始めた、という点である。例えば、バス停ごとにマップや時刻表のチラシをつくり、これを、そのバス停周辺の住民全てに配布するなど、これまで内外の都市でその有効性が確認されてきた様々なマーケティング手法が、官民協調の中で適用された。

きっかけは「官民協調」であったのだが、その後、マーケティング＝利用促進策の有効性を改めて認識したバス事業者が、様々なマーケティング策を自主的に展開していった。なかでも特徴的だったのが、十勝バスの社長や社員らが、バス路線の沿線住民の自宅、一軒一軒を回り、

「なぜ、我が社のバスに乗っていただけないのですか？」

と聞いて回るという、画期的な営業活動の展開であった。

バス事業者のドライバーや社員が、沿線の住民を訪問し情報を提供する、というアプローチは、これまで海外のいくつかの都市では実際に活用されていたものであったが、日本ではほとんど活用されたことのない方法であった。しかも、「なぜ、我が社のバスに乗っていただけないのですか？」ということを一軒一軒聞いて回る、というアプローチは、内外でも独

自のものであり、画期的な方法であった。

さて、社長以下、バス事業者の社員たちは、こうした住民との対話を通して、「皆がバスを使わないのは、どうやってバスに乗ればいいのかわからず**『不安』だから**なのだ」ということに気づいたという。彼らは当初、皆がバスに乗らないのは、バスの「不便さ」が主たる原因だと考えていたのだが、実際には、それ以前の問題でバスの利用者が減り続けていたのだという事に気づいたのであった。

そしてその認識の下、路線別、目的別の「時刻表」を作成し、これを沿線住民に配布したり、「バスの乗り方」を掲載したバスマップを八万部作成し、全世帯に配布したりなどの取り組みを始めて行き、これがさらなる利用増に結びついていったのであった。

◆自動車分担率を下げた「歩くまち京都」の取り組み

こうした利用促進のためのモビリティ・マネジメントは、帯広のみならず、少しずつ様々な地域で進められ、具体的な成果を上げ始めている。例えば、明石市の行政が運営する「Ｔａｃｏバス」は、小学校で地域バスについての授業を行ったり、様々な利用促進イベントを展開することを通して、年間一〇〇万人以上の利用者を記録するに至っている。あるいは、鉄道に関しても、和歌山電鐵の貴志川線や、神奈川の江ノ島電鉄、あるいは、京都の北近畿丹後鉄道など、それぞれ様々なきっかけから利用促進策が始められ、抜本的な新規路線への投資などを行わないままに、現実に利用者の増加がもたらされている。

一方で、人口一〇〇万人クラスの大都市でも、既存のインフラ機能の最大化を目指したモビリティ・マネジメントが活用され、大きな成果が得られている。

例えば京都市では、五年以上にわたって、京都市民に繰り返し「クルマ利用は、ほどほどに」という趣旨のメッセージを、様々な媒体やコミュニケーション方法を通して提供し続けた。これは、京都市内の道路インフラ、公共交通インフラを最大限に有効利用するためには、自動車から公共交通への転換（**モーダルシフト**）が促進されることが必要だからである。なぜなら、都市内では、慢性的な自動車渋滞が発生しており、都市内のモビリティ（移動のしやすさ）が低下してしまっている。しかも、その渋滞のせいでバスの利便性も著しく低下する、という問題が発生している。これは要するに、京都における最適な利用水準を超えて自動車が利用されているからであり、都市内のモビリティを改善するためには、どうしても、自動車からのモーダルシフトが求められているのである。

さて、そうした徹底的な京都市の市民に対する、モーダルシフトについての呼びかけの結果、平成二十五年度の時点で、じつに「四割以上の市民」が、京都市からのコミュニケーションに接触し、それを通して「クルマを控えよう」という市民の数が「一七パーセント増加」している、という成果が得られている。

この一七パーセントとは、人数にして、一三万人に相当する。

言うまでもなく、一三万人の人々が、多かれ少なかれ、自動車利用を減らし、公共交通利用を増やせば、京都のモビリティに及ぼす影響は決して小さなものではない。実際、過去十年の間に、京都の自動車分担率は三・八パーセントも縮減している。この削減量は、京阪神都市圏の、どの県庁所在地の自治体よりも大きい。無論、この三・八パーセントの削減量が全てモビリティ・マネジメントによってもたらされたものであるとは断定できないものの、そのうちの少なからずの部分がモビリティ・マネジメント、とりわけ、京都市民全員を対象としたコミュニケーション施策によってもたらされたものであることは間違いないのである。

◆富山市の事例：都市「内」インフラ「LRT」投資を通した地方再生

以上に述べたモビリティ・マネジメントは、インフラ投資をする以前に、既存のインフラを前提として、それを「かしこく」使うことを通して地方再生を果たそうとするものであった。したがって、何らかの理由でインフラ投資が困難である地域で地方再生を目指さんとする場合には、その活用が重要だ。

しかし、既存インフラが未だ不十分な水準であれば、どれだけモビリティ・マネジメントを展開したところでその地方再生効果は限定的な水準にとどまってしまう。そして、多くの都市において、十分なインフラが整えられていないのが、我が国の実情だ。

だから、地方再生のためには都市内インフラを整えていくことが、やはり極めて重要だ。ゆえに絶対にあきらめず、中長期的な視点からその推進を図ることが、地方再生の成否を握る「鍵」となる。

その中で、近年大きな注目を集めているのがＬＲＴ（ライトレールトランジット）である。これは、最新式の路面電車を意味し、高齢者でも使いやすい快適性に優れた車両（ＬＲＶ）を活用したものである。

我が国では、富山市が、北陸新幹線という都市間インフラ投資にあわせてこれを導入した（一五二ページの写真5―2をご参照いただきたい）。その後も少しずつＬＲＴ路線を拡大し、二〇一五年三月の北陸新幹線の開通にあわせて、新幹線の駅舎の中に我が国ではじめてＬＲＴの駅を設置し、都市間交通である新幹線と、都市内交通であるＬＲＴの接続性を一気に高めるというインフラ投資を行った。

富山市ではそれと同時に、ＬＲＴを含めた鉄道駅の周辺に、様々なプロジェクトを展開し、かつ「民間投資」を呼び込むための駅周辺への様々な優遇策を展開している。そして、そうした投資を通してつくられたインフラや街が最大限に活用されることを企図したモビリティ・マネジメントの利用促進策もまた、様々に展開されている。

その結果、これまで、モータリゼーションの流れの中で徹底的に「郊外化」してきた街の形が今、少しずつではあるが変わり始めている。そして、人々の住まいが「駅前」に集まり始めているというデータも得られている。すなわち、富山は今、鉄道駅を中心としたエリアにコンパクトにまとめられた「**コンパクトシティ**」へと変貌を遂げる、その最初の一歩を歩み始めたのである。

◆都市内インフラ「ＬＲＴ」は大きな経済効果をもたらす

富山市のＬＲＴの成功に触発されて、今全国では、ＬＲＴの導入を図る動きが活性化している。宇都宮市や京都市、高岡市、金沢市、新潟市など、ＬＲＴの導入を具体的に検討している街は、全国に広がっている。そして政府も、こうした全国の動きを後押ししようと、交

写真5―2　新しいタイプの路面電車「ＬＲＴ」が走る富山市のまちなかの風景

通政策基本法の制定をはじめとした、様々な支援策の整備を図っている。

　しかしすでに第二章でも紹介したように、こうした動きは何も日本でだけ生じているのではない。欧米、あるいはアジアの諸外国でも、こうした動きは活性化しており、様々な都市でＬＲＴが導入されている。むしろ、我が国においては導入の議論だけは重ねられているものの、具体的にその導入に成功した街は、極めて限られているのが実態だ。

　こうした内外格差を生んでいる最大の原因は、我が国における「インフラ論」の衰弱である。

　本書の第一部で何度も指摘したように、日本ではインフラ投資について言及すると、すぐに無駄だ、利権だ、シロアリだ、という言説を浴びせかけられ、大型の高速道路や新幹線のみならず、人と環境に優しいＬＲＴの導入でさえ、その推進が阻止されてしまうような社会環境、世論環境が存在しているのが現実だ。富山でその導入が成功したのも、新幹線がつくられるという機会に、様々な政府からの補助、支援の活用が成功したという特殊な事情があったからである。

しかし、ＬＲＴの導入は、富山の例を見ても明らかな通り、都市再生、地方再生において極めて重要な意味を持っている。

そしてとりわけ、都市間の交通インフラが整えられた街においては、その有効性はさらに大きなものとなっている。

例えば、富山市の隣の高岡市にも北陸新幹線が開通したが、その駅は、中心地よりも少し南側につくられている。そのため、筆者らの研究室の試算によると、北陸新幹線の投資効果は、富山市のＧＤＰ（ＧＲＰ）を年間一〇億円程度押し上げる程度にとどまるという結果であった。ところが、新しい新幹線駅と、既存のＪＲ駅、さらには、その北側にある都市内の様々な地域を接続するＬＲＴをつくれば、その**経済効果は五倍から一二倍程度へと拡大**し、最大で年間一二〇億円もの経済刺激効果が得られるであろうという試算が出されている。

都市内のＬＲＴ投資の額は、数十億から一〇〇億円、二〇〇億円程度の水準である。こうした投資額は極めて大きなものであるが、新幹線投資のために投入された数千億という財源規模に比すれば、その投資額は極めて限定的である。つまり、わずかな都市「内」インフラ投資を追加するか否かで、その経済効果が一〇倍以上にもなりうるのである。しかも都市内ＬＲＴには、投資した金額に見合うだけの経済効果が生ずることも見込まれているわけである。したがって、これらを勘案するなら、**都市間のインフラ投資を行っておきながら都市内投資を「ケチる」という選択は、極めて不合理**なものなのである。

◆東京の企業の「危機管理」がもたらす、地方再生

以上、「都市・地域の魅力を高める」ことを通して地方再生を述べたが、それらとは次元を異にする地方再生の方法がある。

それは、**東京の企業の「危機管理」を通して、東京から地方への企業移転を促進する**、という方法である。

例えば、フランス資本の生命保険会社「アクサ生命」は、本社機能を、東京以外に札幌にも分散させている。その理由は、**「首都直下地震」のリスクに対する危機管理**であった。す

なわち、東京にだけ本社を置き続けるという選択肢と、札幌にも本社を設立するという選択肢を比較検討した結果、地震のリスクさえなければ、東京の方が企業収益の観点からも有利であるものの、地震リスクの存在を加味すれば、かえって東京本社の方が不合理であり、災害の際には札幌に移転することの方がメリットが大きい、と判断されたのである。

ちなみにこの決断に関しては、アクサ生命が「保険会社」であったということが重要な意味を持っている。そもそも、保険会社にとってみればこうした合理的なリスク計算はもっとも得意とするところだからだ。しかも、「外資」であるから、それぞれの土地のビジネスの歴史的経緯などを勘案する必要性も低く、より合理的に判定することが可能であったとも考えられる。いずれにせよ、アクサ生命以外のあらゆる会社も、彼らと同様のリスク計算を行えば、東京から移転する方がビジネス上合理的である、というケースは、山のようにあることは容易に想像できよう。

ところで、この移管決定は、札幌市、北海道にしてみれば、極めて大きな「地方再生」効果がある。札幌市について言えば、この結果は、社員だけでも数百名規模で移住が促進され、その家族まで入れれば、大きな人口流入だ。関連企業の移転やビジネストリップの増加も見込まれることから、その経済効果は極めて大きく、まさに地方再生、都市再生上、極めて重要な「企業移転」だと言えるだろう。

◆あらゆる地方再生プロジェクトの規模を規定している「都市間交通インフラ」

なお、こうした企業移転は、東日本大震災以後、徐々に進められているところである。先ほど紹介した富山市でも、工場団地の容量が足りなくなるほどに、東京などからのビジネス移転が続いているとのことである。

ただし、札幌市や富山市においてこうした「企業移転」が進められている一方で、そうした有り難い移転の話が全く聞こえてこない地方都市は、全国で夥《おびただ》しい数にのぼる。むしろ、札幌や富山は、幸運な「例外」なのである。

ではなぜ、札幌や富山がそんな幸運に恵まれたのかと言えば――改めて論ずるまでもなく、それら都市には、「都市間交通インフラ」が一定以上つくられていたからだ。

富山には北陸新幹線が開通し、高速道路も最低限のものがつくられている。札幌には、文字通り「世界一の旅客数」を誇る「東京―札幌間」の国内航空線が完備されている。こうした都市間交通インフラ投資があったからこそ、富山や札幌に本拠地を構えても、さして不自由なく、ビジネス展開が可能だという判断から、企業移転が進められたのである。

さらに言えば高岡市においては、都市内のＬＲＴ投資によって、一〇〇億円以上の経済効果が得られるであろうという試算を先に紹介したが、これはあくまでも、高岡市に「新幹線」が開通しているからである。高岡市に新幹線がなければ、どれだけ都心にＬＲＴ投資をしても市外からの観光客もビジネス客も限定的となり、一〇〇億円以上もの効果は到底見込めないのである。

すなわち、都市・地域「内」のインフラの投資や活用策を通して地方再生、都市再生を図ろうとしても、そもそもその地に適切な「都市間の交通インフラ」がつくられ、他の都市、地域と接続されていなければ、やはり、限界があるのである。

したがって、**ソフトなモビリティ・マネジメントの努力を重ね、都市・地域「内」のインフラ投資を進めると同時に、中長期的な視点から、新幹線、高速道路といった都市間インフラをつくり、「ネットワーク」で各地域を接続していくことは、地方再生を図る上で必要不可欠だと断ぜねばならない**のである。

次章以降では、都市や地域内のスケールではなく、より広く**国土全体を見渡した上**で、どこにどのような都市が発展すべきであり、そうした諸都市をどのような「ネットワーク」でつなげていくことが必要なのかを論じていきたいと思う。

第六章

「東京一極集中」を終わらせる「大大《だい》阪構想」

～四国・北陸・山陰と関西を一気に発展させる国家プロジェクト～

◆「最悪」としか言いようのない東京一極集中

今の日本列島全てを見渡した時、最大の課題は、「東京一極集中」である。先に示したグラフからも明らかな通り（一三九ページ図5―1：三大都市圏の「過剰転入者数・転出数」の推移」）、三大都市圏の中でも、東京にだけ、人口が転入し続けているのである。そして今や、全人口の三割が首都圏に集積している。とりわけひどいのが、民間企業の「本社」の集積である。例えば、日本の大企業（フォーチュングローバル五〇〇企業）の七割以上が東京に集中している。二位の大阪は一四パーセントに過ぎない。

さて、こうした東京一極集中の何が問題かと言えば、第一に、それが、地方の疲弊をもたらしている、という点である。そもそも、東京一極集中が起きていなければ、地方の疲弊はここまで進んでいないのは明白だ。したがって、地方再生、地方創生において、東京一極集中は絶対に解消しなければならない、国家的課題となっているのである。

第二に、東京は「首都直下地震」の危機にさらされており、一旦これが起きれば、首都東京が壊滅的な被害を受ける可能性が危惧されている。それにもかかわらず、これだけの東京への経済的な一極集中が放置され続ければ、一発の首都直下地震が、東京のみならず、日本国家全体に、取り返しのつかないほどの深刻なディープインパクトをもたらすことは決定的となる。それゆえ、首都直下地震に対する国家としての強靭性を確保するためにも、東京一極集中は、是が非でも解消しなければならないのである。

第三に、東京への過剰な一極集中が、東京それ自身における「過密」の問題を引き起こしている。朝夕の通勤ラッシュは「通勤地獄」とも形容されるほどに、都市住民の幸福を大きく棄損している（筆者も七年間東京で勤務していたが、この通勤地獄だけは、文字通りの「地獄」としか言いようのないひどい経験だった）。通勤についてはそのトータルの所要時間も長く、道路を含めたあらゆる施設の混雑も激しく、また、住宅購入費を含めた物価の相対的な高さ等もあいまって、生活者の実質的な生活の質は、地方都市よりも低い水準となっている。さらには、女性の出生率も地方部よりも低いことから、東京一極集中は、日本の人口減少の主要因の一つにもなっている。

つまり、東京への過剰な一極集中は、地方を疲弊させ、巨大地震による国家的な脆弱性を高めるのみならず、東京の都市住民の生活の質を劣化させる、いわば、最悪の代物なのである。

◆「東京一極集中」の解消には、「東京へのインフラ投資の一極集中」の解消しかない

では、なぜ、東京一極集中が進んでいるのか？

この点について、素朴に信じられているのが、東京が日本の「首都」あるいは「中心都市」だからだ、というものである。

しかし、世界の中心都市、あるいは「首都」が、そこまで一極集中しているかと言えば、決してそうではない。

図6―1をご覧いただきたい。過去六十年の間、ご覧のように東京は日本中の人口をかき集め、着実に一極集中が進行してきた。

しかし、それ以外の主要先進国の首都においては、そんな一極集中現象は見られない。首都であるパリもロンドンもローマもベルリンも、そして、アメリカの経済的な中心都市であるニューヨークにおいてもそんな一極集中など起きていない。つまり、東京が「首都だからだ」「経済の中心都市だからだ」ということだけが東京一極集中の原因であるとは到底考えられないのである。すなわち、**東京の一極集中は、先進国においては極めて「異例」の事態**なのである。

図6-1　主要先進国の首都の人口シェアの推移

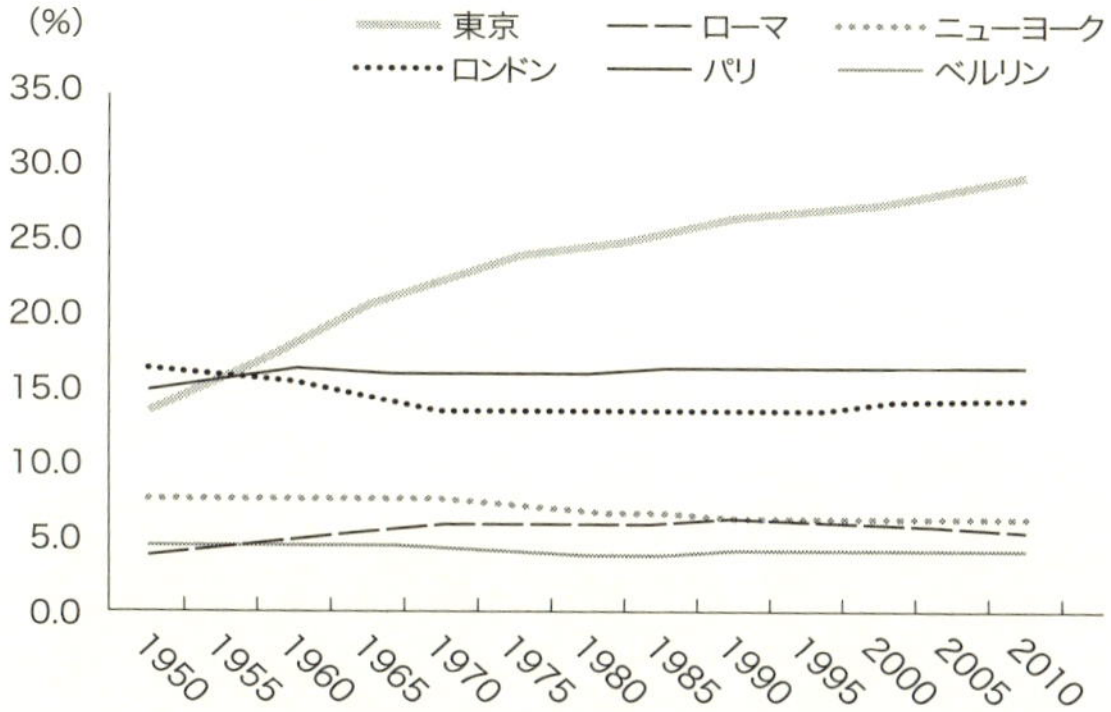

出典：「2040年、地方消滅。「極点社会」が到来する」（『中央公論』2013年12月号、増田寛也＋人口減少問題研究会）より。東京だけが一極集中が進行している。

では一体、何が東京一極集中をもたらしたのか？

その点について、これまでに様々なデータや事例を確認してきたが、それらを通して筆者は明確な「答」に到達している。

それは、**「東京へのインフラ投資の一極集中」**である。

四二ページに示した図2―1〈高速道路〈時速80キロ以上〉のネットワーク〈日本〉〉を再度じっくりご覧いただくと、都心部には七本もの高速道路が放射状に接続している様子がおわかりいただけよう。一方で、名古屋には四本、大阪には三本しか高速道路が放射状に接続していない。つまり、三大都市圏の間ですら、半分程度の、高速道路の投資格差が存在しているのである。さらにそれ以外の地方都市に着目すれば、その格差は歴然としている。この図2―1で、全く高速道路が通っていない地域が膨大に残されているのがわかる。

一方で、その図とともに示しているイギリス、アメリカ、ドイツにおいては、それぞれの首都にのみ「一極集中」的に高速道路がつくられているという様子は全く見られない。

同様の新幹線の整備状況を確認すれば、**東京への新幹線の「一極集中投資」の傾向は、高速道路の一極集中投資が「可愛く」見えるほどに、より凄まじい状況にある**ことが見て取れる。すなわち、図3―2（七二ページ）（新幹線の地図）に示したように、東京にはすでに四本の新幹線が接続している一方、大阪、名古屋では、一本の新幹線が通過しているに過ぎない（大阪に接続する山陽新幹線と東海道新幹線は相互乗り入れであることから実質、大阪が「通過駅」の扱いになっている）。三大都市圏の中で、東京だけが飛び抜けて新幹線投資について優遇されている一方、大阪や名古屋は、仙台や岡山、広島、北九州といった街々と同様に、単なる「通過」駅扱いとなっているわけである。

そして、日本海側や四国、東九州や北海道といった地域には、未だ一つも新幹線投資が進められていない。すでに図2―7（四六ページ・新幹線の地図）で示したが、新幹線がその都市圏に通過していない二〇万人以上の人口を持つ都市が二一にものぼっていることは前述した通りである。

　一方、同じく新幹線の整備を進めているフランスやドイツでは、二〇万人以上の人口を持つ都市で新幹線が通過していないものはフランスでは二つ、ドイツでは一つしかない。つまり、フランスやドイツにおいては、新幹線は、おおむね全ての二〇万人都市をつなぐ形で整備されているのである。

　このように、新幹線においても、東京に一極集中投資が激しく進められているのである。すでに第二章で詳しく論じたように、高速道路が産業育成に大きな影響力を持ち、新幹線が人口集積に巨大な影響力を持っている。それゆえ、これだけ新幹線と高速道路の東京一極集中投資が進めば、諸外国では全く見られない、首都東京への産業集積と人口集中の過剰進行が生ずるのも当然なのである。

　この事実を踏まえるなら、**地方部における高速道路や新幹線のインフラ投資を進め、東京とそれ以外の都市間のインフラ格差を是正することこそが、東京一極集中を抜本的に是正するほとんど唯一の現実的方法**であることが浮かび上がるのである。

◆東京を中心とした「新幹線ネットワーク」が築き上げた「大東京圏」

ここで特に、東京大阪間の「新幹線」の投資格差に着目し、それがもたらしたインパクトについて、より詳しく考えてみよう。

そもそも今日、我が国日本の産業は、農業や物づくりから三次産業中心へと移行してきた。したがって、今日の「ビジネス」の多くは様々な商談を主とした人と人との交流が中心となっている。そんな三次産業ビジネスでは、より多くの都市に効率的に行くことができる街に、そのオフィスを構えることが得策になっている。

東京にいれば「新幹線」を使って、東海道地方にも、東北地方にも、新潟方面にも、そして今では、金沢、富山といった北陸地方にも一〜二時間程度で、訪れることができるようになっている。こうした優位性を持つ都市は、日本中どこを見渡しても存在していない。第二の都市圏大阪ですら、実質、一本の新幹線の通過駅に過ぎない、という点は、先に指摘した通りだ。

したがって、**より多くのビジネスチャンスを目指している民間企業は、どうしても、大阪よりも東京に本社を置こうとする**ことになる。

そしてそれと同時に、東京にオフィスを構える企業は、新幹線と接続した東北や北陸、上越、そして東海道の各地域と、様々なビジネスを展開していくことになる。

逆に、東北や北陸などの、東京と新幹線で結びつけられた地方の都市にオフィスを構える各種企業もまた、東京でビジネスを展開するようになっていく。

こうして、**新幹線で結びつけられた都市と都市の間には、様々なビジネス上の交流が生じ、経済的な都市圏の一体化が進行していく**。そして、それぞれの街が共存共栄を繰り返しながら、徐々に発展していくことになる。

言うまでもなく、こうした交流は、ビジネスのみならず、観光を通しても進展していくことになる。

こうして、**東京を中心に、東海方面、仙台方面、新潟方面、金沢方面、そして長野方面の街々が皆、共存共栄で発展していき、東京を中心とした巨大都市圏が、東日本に形成されていった**のである。

そうして東日本の巨大都市圏が発展していけばいくほどに、その中心都市である**東京が、さらに巨大化**していったわけである。

東京にいれば、東日本の巨大都市圏のどこででもビジネスができるために、ますます多くのオフィスが立地していく。それと同時に、その巨大都市圏の人々もまた、東京めがけて様々なビジネスを展開したり、観光で訪れようとしたりするようになるからである。

そして何より、「東京が巨大化した」という事実がさらなる企業立地を誘発していく。なぜなら、巨大な都市には巨大なマーケットがあり、そこにオフィスや店舗を構えれば、自動的に有利なビジネスを展開できるからだ。

こうして東京は、**坂道を転げ落ちる雪だるまがどんどん大きくなっていくように、一極集中がさらなる一極集中を呼び込むことを通してどんどん巨大化していった**のである。

つまり、東京は、周辺都市と結びつく新幹線網をほぼ完備したがゆえに、自身をコアとした巨大都市圏を形成することが可能となり、それを通して、自分自身もさらに巨大化していったのである。

いわば、**東日本という広大なエリアに、新幹線網という太い根を張り、その中心にそびえ立った一本の巨木、それが「東京」という巨大都市**だったのである。

だからこそ、**東京一極集中を終わらせるためには、全国に新幹線ネットワークをつくり上げるインフラ投資を行い、東京だけが極端に有利である状況を解消していく他にない**のである。

◆大大《だい》阪の繁栄と、今日の大阪の凋落

ところで、東京からの一極集中の緩和を考えるためには、東京から他地域への分散化を図る上での**「受け皿」**づくりが何よりも必要だ。

そうした「受け皿」づくりにあたっては、全国のあらゆる都市、地域がそれを担いうる存在であるが、それらの中でも**とりわけ重要なのが、東京に次ぐ第二の都市、大阪**である。そもそも、東京の一極集中においてもっとも貢献した都市が「大阪」だったからであり、したがって、東京へと流出した各種経済機能を、大阪が再び「取り戻す」ことを通して、一極集中の是正が可能となるからである。

そもそも、大阪は、かつては東京を上回るほどの人口を抱える日本経済の中心の街、すなわち「商都」であった。それは、明治政府が首都をどこにするかを決める際、政治の中心である**「首都」**東京に加えて、文化の首都である**「古都」**京都、そして、大阪を商い、経済の中心である**「商都」**として定めてはどうかと議論されていたことからもわかる。その名残は、明治、大正、昭和へと引き継がれ、大正時代には大阪は「大大《だい》阪」と呼ばれ、文字通り、東の東京に匹敵する経済力を誇っていた。

図6-2　東京圏と大阪圏の、全人口に占めるシェアの推移

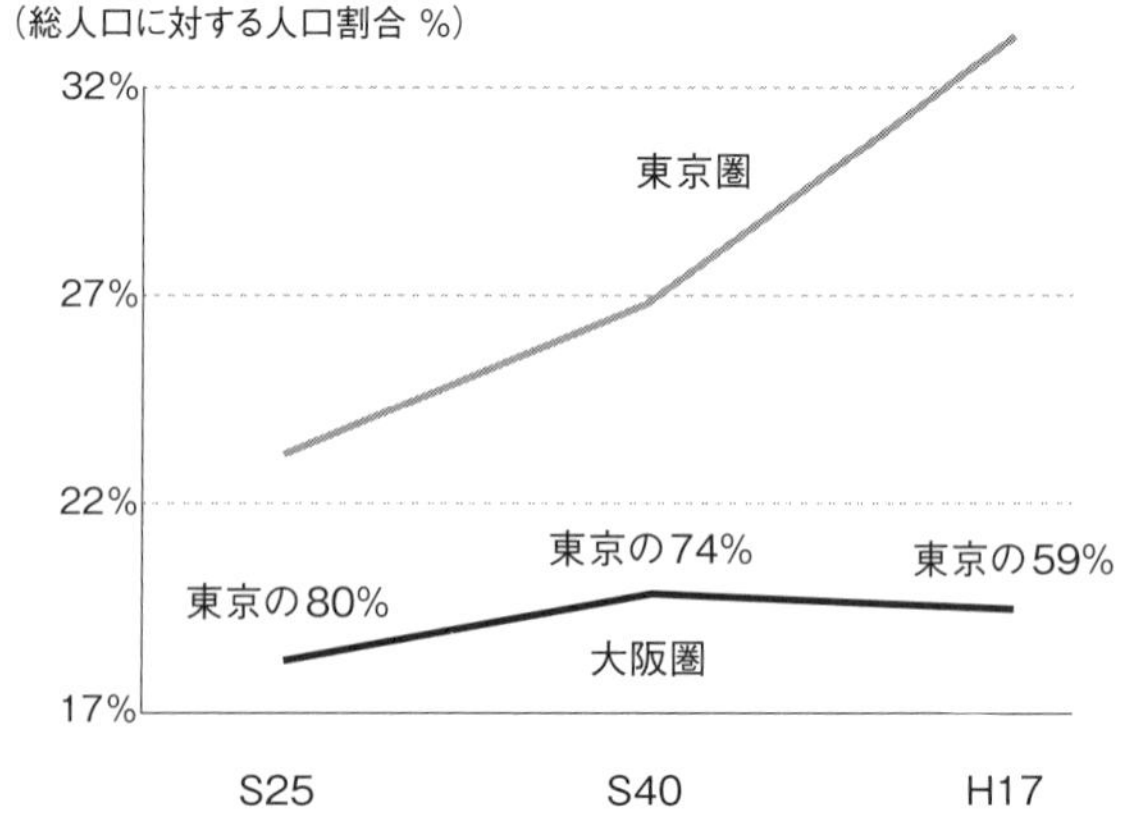

その勢いは戦後においても継続され、上の図6―2に示したように終戦直後の昭和二十五年には大阪は東京の八割の人口規模を誇る街であった。ところが、それ以降、大阪の成長はぴたりと止まり、衰退していく。一方で、東京はうなぎ登りに成長していく。

かつては、日本のトップ一〇〇企業の過半数が大阪に本社を置いていたが、大阪から東京への移転が大きく進められ、今では、一部上場企業の実に九割近く（二〇一二年時点で八六パーセント）が東京に本社を置くに至っている。

そして、法人税収もかつては八〇〇〇億円以上あったが（平成元年）、今や二七〇〇億円程度にまで凋落してしまっている。人口規模で言うなら、図6―2に示したように、今日では大阪は、

東京に匹敵するとは言いがたい半分程度の規模しかない街に成り下がっている。

◆今のままでは、リニア新幹線投資によって、大阪の凋落は決定的となる

ここまで繰り返し指摘した通り、こうした東京と大阪間の格差の拡大は、新幹線をはじめとした東京大阪間のインフラ投資格差がもたらしたものにほかならない。したがって、東京一極集中を緩和し、この東西間の格差を縮小させるには、大阪におけるインフラ投資を進めることが必要不可欠である。

ところが、そうしたあるべき方向とは**「真逆」**の、**このインフラ格差をさらに過激に拡大させるインフラ投資計画**が今、粛々と進められている。

それが、**リニア中央新幹線の計画**である。

現在、リニアは二〇二七年までに東京―名古屋間が完備され、その十八年後の二〇四五年に名古屋―大阪間につくられることが計画されている。

このことはつまり、二〇二七年から十八年の間、東京―名古屋間にリニアが接続され、四十分で行き来ができるようになる一方で、大阪は「蚊帳の外」に置かれる。その結果、大阪から東京への人口と企業の流出が過激に進行してしまうことは、火を見るよりも明らかだ。

◆リニア大阪・東京同時開業が持つ巨大インパクト

ただし、もしも二〇二七年に名古屋―大阪間にもリニアがつくられ、両都市の間が一時間で結ばれれば、東京一極集中が進行するどころか、逆に緩和され、大阪が大きく発展することになる。

なぜなら、大阪から東京まで一時間、名古屋まで二十分強で各都市が結ばれれば、大阪にいながらにして、名古屋や東京でのビジネスを容易に展開できるようになり、大阪の経済活動が拡大していくのも当然だからである。

別の言い方をするなら、次のように言うこともできる。

すなわち、これまでは三大都市圏が「分断」されていたがゆえに、あらゆるものが利便性の高い「東京」のみに吸い取られていた。その一方で、リニアによって三大都市圏が一つの都市圏として統合されれば、多くの企業が**東京に「固執」する必要性がなくなり**、その結果として東京の各種の民間機能が名古屋、大阪に流出することになる、という次第である。つまりリニアが通れば、「東京だけが特に便利だ」ということがなくなり、「どこの都市に住んでいてもあまり変わらない」ということになる。その結果、必然的に、東京に一極集中していた人口やオフィスがリニア沿線に**「分散化」**していく、というわけである。

実際、当方の研究室では、このリニア大阪「同時開業」のインパクトがどれくらいかを、当研究室で開発したマクロ経済シミュレーションモデル「ＭａｓＲＡＣ」を用いて推計した（このシミュレータの詳細については、「藤井研究室」のホームページを参照願いたい）ところ、やはり、当初に想定した通り、同時開業することで、大阪の経済はさらに拡大すると同時に、東西格差は大きく是正される結果が示された。大阪府の人口は、同時開業によって二〇四四年時点で**二六万人**（七三二万人→七五八万人）も増加すると同時に、**大阪府の経済規模が一・三兆円拡大**する（三九・三兆円→四〇・六兆円）という結果となった。

なお、もう少し丁寧に説明するなら、大阪府も東京二三区もどちらもこれから人口は減少していくのだが、「同時開業」されれば、大阪府の人口の「減り方」が緩和され、その結果、四四年時点では同時開業しないケースよりも人口が二六万人多くなる、という結果となったのである。

一方、東京二三区はどうなるのかというと、四四年時点では、同時開業すれば、現状の計画のままのケースよりも、四七万人も減少するであろうことが示されている。

では、この四七万人がどこに行くのかというと、大阪を中心とした、名古屋を含めたリニア沿線都市なのである。そして、上記のように、大阪の人口は二六万人も増える結果となったのである。つまり、**リニアの同時開業を図ることで、東京一極集中が緩和されるとともに、大阪の人口減少に歯止めがかかり、東京の人口が、大阪へ二〇万人規模、名古屋等へ十数万人規模で分散化していく**という、事前に理論的に予想される方向の結果が得られたという次第である。

なお、以上は「大阪府」に対するインパクトの推計結果であるが、**周辺の近畿の各府県にも、同時開業効果がもたらされる**ことを付言しておきたい。近畿二府四県全体では、人口増加効果は一三八万人、経済効果で八兆円以上の効果があるという結果が示されている。

すなわち、リニアの同時開業は、大阪のみならず、近畿二府四県に大きな「地方再生効果」をもたらすのである。

ただし、その効果を最大化するためには、先に述べた都市・地域「内」のインフラ投資や、その利活用のためのモビリティ・マネジメントを並行して推進することが重要であることは論をまたない。例えばリニアを新大阪に接続するのみでなく、大阪の都心部、例えば、「うめきた」と呼ばれる開発拠点に接続することが、リニア投資の効果を最大化する上でも極めて重要な意味を持つ。

さらに、首都直下地震の危機感の共有化を図るコミュニケーション（リスクコミュニケーション）を、東京在住の企業対象に図っていくことで、企業移転がさらに加速していく可能性も考えられる。

◆リニア大阪・東京同時開業の実現に向けて

なお、大阪と名古屋の間のリニア区間を開通させるために必要な金額は、約三・五兆円。この事業費は、今のところＪＲ東海が負担する、ということになっているが、今のＪＲ東海には、この三・五兆円もの大量の借金を（東京―名古屋間のリニア投資に必要な借金に加えて）行う余力はない。それこそが、大阪までの開通が、名古屋までの開通の十八年後となっている理由なのであるが――逆に言うなら、この三・五兆円の資金を、ＪＲ東海に融資し、かつその金利分を誰かが負担することができれば、同時開業は、現実的に前に進み出す可能性が十二分に存在するのである。

つまり、どこかの誰かが、三・五兆円を「無償で提供」するのではなく「一定期間（無利子で）貸し出す」ことができれば、同時開業の実現はグンと近づくのである。

もちろん、中央政府がそれを担うという可能性もあるが、関西の地方政府、あるいは、財界が負担する、という考え方もある。あるいは、レベニュー債という、リニアにだけ使うと確約した債券である「リニア債」を発行し、関西の方を中心とした一般の人々がそれを購入することで、調達していくという方法もありうる。

リニア同時開業ができないことによる大阪、関西に対する巨大被害の存在、ならびに、同時開業を図ることで大阪、関西が大きく発展し、そして、東京から大阪、関西、名古屋方面に分散化が進められることによって東京一極集中が緩和されるという巨大インパクトの存在を鑑《かんが》み、以上に述べた財源確保のための各種のアイデアを全て動員することが強く求められている。そして何とか三・五兆円を用立て、それを原資として**リニア同時開業を目指していく計画を「アベノミクス投資プラン」として策定**し、これを推進していくことが、東京一極集中の緩和、大阪・関西の復活、国土強靭化、そしてデフレ脱却と持続的経済成長の達成といった様々な国家的目標の達成のために、極めて重要な意味を持っているのである。

◆大阪と周辺地域を新幹線でつなぎ、「大大《だい》阪圏」をつくる

以上、東京一極集中を「終わらせる」ための大阪復活の方途を述べる以前に、さらなる大阪凋落を避けるためのリニア同時開業問題について述べたが、これは大阪復活に向けた**最低**

条件に過ぎない。

そもそも東日本には、次ページの図6—3に示した東京から放射状に延びた東海道、東北、上越、北陸の各新幹線によって「大東京圏」が形成されている。これに伍する大都市圏が形成されていないことが、東京一極集中を生んでいる「元凶」なのである、という点は先に指摘した通りだ。したがって、大阪、西日本の浮上、さらには東京一極集中を終わらせるために必要なのは、この大東京圏に伍する「**大大《だい》阪圏**」を西日本につくることなのである。そしてそのために必要なのが、**大阪と周辺地域をつなぐ新幹線ネットワーク**を形成していくことなのである。

事実、政府は、次ページの図6—3に示したように、大阪と北陸、四国、山陰とをつなぐ新幹線ネットワークをつくり上げる基本計画を昭和四十年代に策定している。**したがって、本来的には、こうした政府計画を粛々と実現していくことで、おのずと大大《だい》阪圏は形成される**のである。すなわち、大阪と北陸を**北陸新幹線**で結ぶと共に、大阪と四国を**四国新幹線**で結ぶ、そして、大阪と山陰地方を**山陰新幹線**で結びつけていくわけである。

この「大大《だい》阪形成プロジェクト」は、その地方創生効果、国土強靭化効果、さらには、その投資を通した経済成長効果を考えれば、先に述べたリニア同時開業と並んで「アベノミク

図6-3　放射状の新幹線でつくられる「大東京圏」（形成済み）と「大《だい》大阪圏」（未形成）

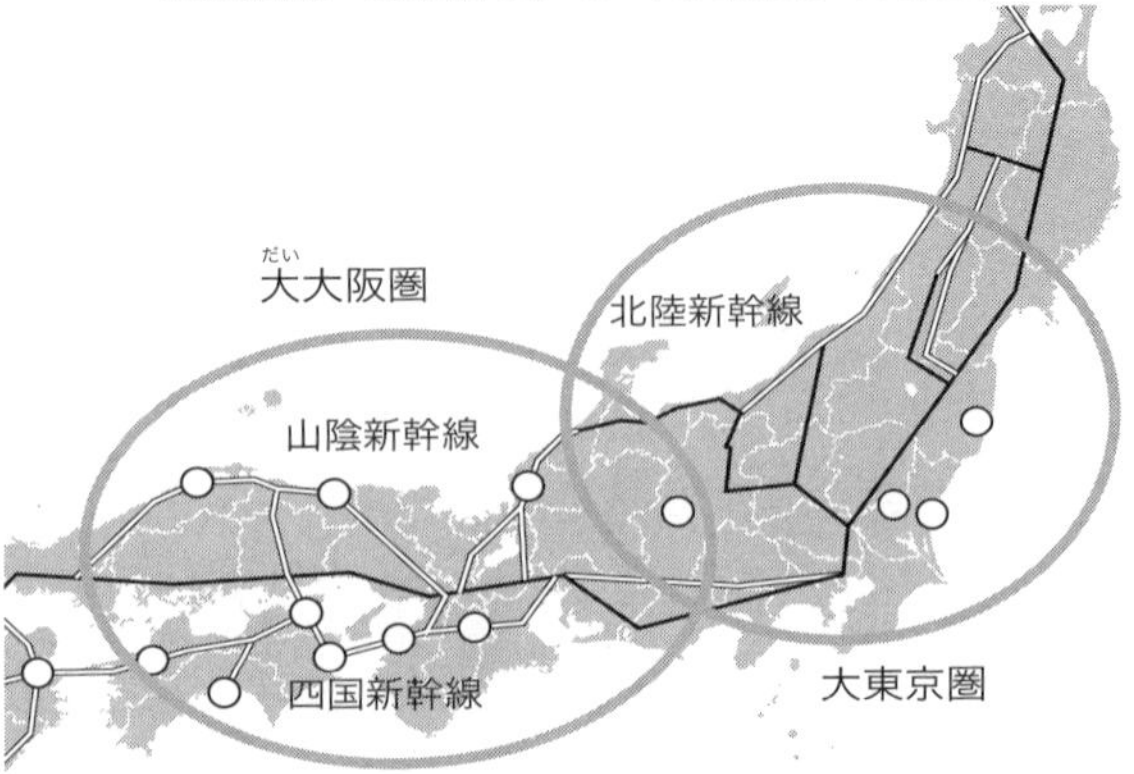

ス投資プラン」における最重要項目の一つに加えるべきものである。

ただしもちろん、具体的な「プラン」をつくるためには、その「重要性」と「政治的な実現可能性」の双方を勘案する必要がある（概して、重要なものほど政治的に実現困難なものが多いが、それをどうにかするのが、本来の政治に求められるものである）。

そんな中で**大《だい》大阪圏をつくるための計画路線の中で、もっとも実現可能性が高いのが「北陸新幹線」**である。そもそも、二〇一五年の三月には東京と富山・金沢を二時間から二時間半で結びつける北陸新幹線が開業されている。そして、敦賀《つるが》には今から八年後の二〇二三年につくられる予定となっている。敦賀と大阪の間をどうつなぐかはまだ決まっていないのだが、ここまでつくられている以上、数々の未整備区間の中では、この敦賀―大阪間はもっとも有望な路線である。

◆まずは既存新幹線（北海道新幹線、長崎新幹線、北陸新幹線）の早期実現が第一歩

では、この「敦賀―大阪間」の北陸新幹線での早期接続を果たすために、今求められているのは何かというと、現在、整備が進められている全国の新幹線の早期実現だ。今、国は、基本計画が策定された全国の路線を少しずつつくっていっており、工事中のものが終われば、順次、次の路線の整備に着手する段取りで進めているからである。

今日、全国で新幹線整備が進められているのが、

・敦賀までの北陸新幹線（八年後の二〇二三年開業予定）
・札幌までの北海道新幹線（十六年後の二〇三一年開業予定。函館までは二〇一六年開業予定）
・長崎新幹線（武雄温泉―長崎間。七年後の二〇二二年開業予定）

の三路線である。

このように七～十六年後にこれらが開通する予定となっている。したがって、「東京一極集中」を終わらせるための「大《だい》大阪構想」を実現するために敦賀と大阪の間の北陸新幹線の

早期実現を目指すのなら、北海道や長崎の新幹線整備を早く完了させることが求められているのである。

なお、北海道、長崎の新幹線整備が、地方創生を導き、東京一極集中を緩和させて国土を強靭化させると同時に、デフレ脱却と経済成長（そして、それらを通した税増収）効果を持つことは論をまたぬところであることから、その早期実現はあらゆる国益の観点から是が非でも求められているのである。

それゆえ、アベノミクス投資プランにはこれらの新幹線の早期実現を最重要項目の一つとして加えるべきなのである。

◆国家再生の巨大知恵の輪を解く鍵は、「新幹線への投資拡大」の一点にあり

ところで、上記の整備期間は、必ずしも「技術的な制約」で定められているものではない。**新幹線整備に投入できる国費が、年間七〇〇億円強という水準に限定されていることから、致し方なく、**整備期間が七年から十六年という長い時間をかける計画となっているに過ぎない。

そもそも七〇〇億円台と言えば、政府がインフラ投資にかける予算の**一パーセント程度に**

過ぎない。繰り返すが、新幹線のインフラ投資は、極めて大きな国益増進効果を持つ。したがって、この一パーセントの水準は、「限られた予算の最適な配分」という視点で考えた時、極めて「不合理」な水準と言わざるを得ない。

無論、この水準に定められているのには、これまでの新幹線についての政府投資に関する長い経緯があり、政治的にこうした今日の状況が形成されているのだが、それをつくり上げた力が「政治」であった以上、それをつくり変える力もまた「政治」に求められている。

いずれにせよ、**政府のインフラ投資額のわずか「一パーセント程度」という超絶に低い水準しか新幹線に投入されていないという実情を打ち破ることができれば、大阪復活と関西再生を含めた地方創生、東京一極集中緩和とそれを通じた国土強靭化、さらにはデフレ脱却とそれに伴うあらゆる側面の国家的問題を一気に前に進める**ことができるのである。つまり、日本国家の国益増進という複雑に絡み合った**巨大な知恵の輪を解く鍵は、この「新幹線への国費投入枠の拡大」という「一点」にある。**

繰り返しになるが、アベノミクス投資プランの策定にあたっては、現在進行中の各地の新幹線の早期実現を、最重要項目の一つに加えなければならないのである。

◆北陸新幹線をどのように大阪につなげるのか？

さて、それでは具体的にどのようにして敦賀と大阪を接続すべきなのかについて、考えてみることにしよう。

今のところ、フル規格の新幹線でつなげるルートとしては、図6―4に示した二つの案が検討されている。一つは、小浜を通るルート（**小浜ルート**）であり、もう一つが米原を通るルート（**米原ルート**）である（なお、前者は北陸新幹線ルートで検討されていたものであり、後者は、北陸新幹線のルートで検討されたものではないが、北陸新幹線のルートとしても「活用」できる、というのが、その経緯である）。

これに加えて琵琶湖の西側を通る「湖西線」という在来線の上を、そのまま新幹線車両を（フリーゲージという特殊な技術を使って）走らせるルート、いわゆる**湖西線ルート**というものがあるのだが、これは予算をできるだけ抑えるためにはどうすべきか、という視点で出されたた、いわば「苦肉の策」である。言うまでもなくもっとも速度が遅く、時間がかかり、しかも天候不順の際にはすぐに走行不能となってしまうなどの様々な問題を抱えたルートであることから、本書では考慮の外とする。

図6-4　北陸新幹線を大阪につなげる二つのルート

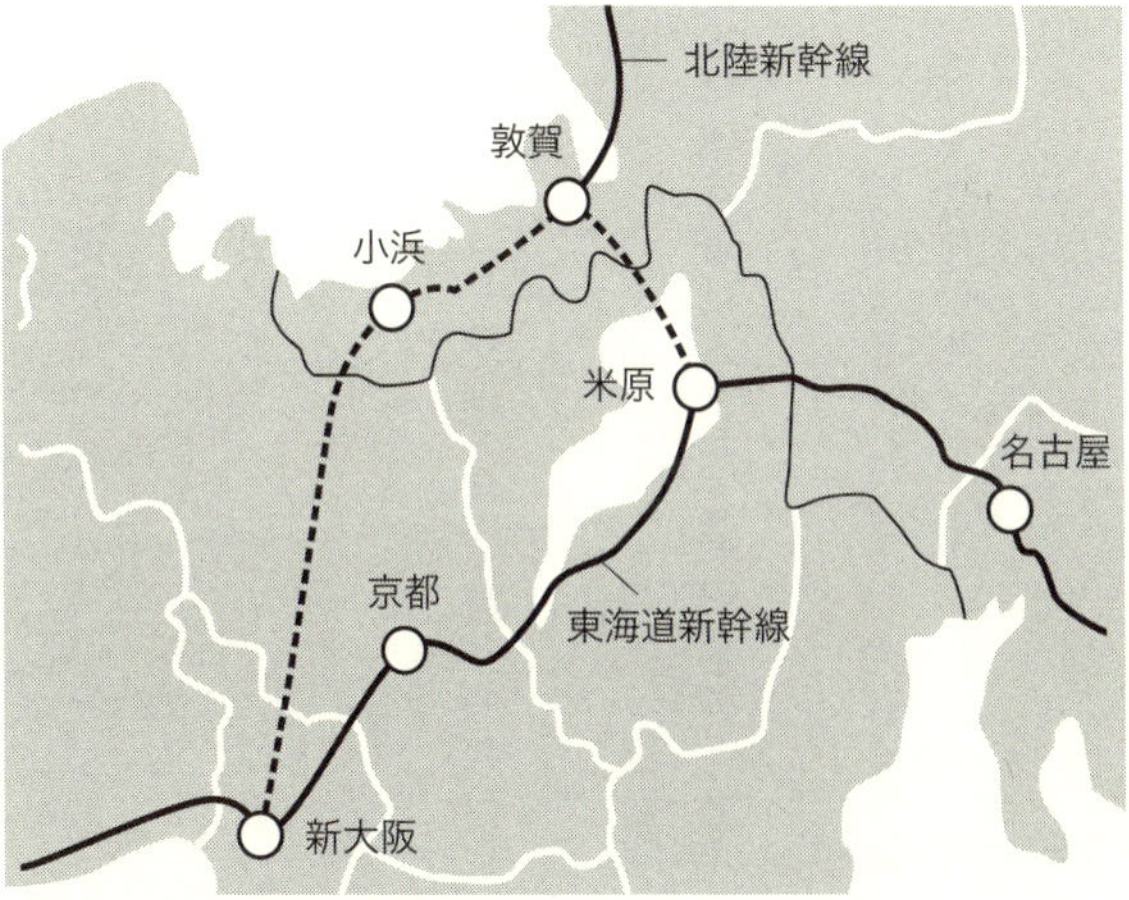

さて、小浜ルートには、**当該ルート沿線地域の地域振興効果**をもたらす、というメリットに加えて、東海道新幹線が何らかの理由（例えば地震や事故）で使用不能となった時でも、東西間のルートが確保されるという（いわゆるネットワークの**冗長性確保**という）メリットがある。さらにその運行主体についてでは、ＪＲ西日本が単体で実現可能であることから（米原ルートの際に必要となる）ＪＲ東海とＪＲ西日本の運行をめぐる各種調整が最小化できるという点もメリットである。なお、北陸新幹線のルートとして政府が正式に決定しているのは、このルートである、という点も付言しておきたい。

一方で、米原ルートは、政府の計画路線の

一つとして構想されたものではあるが、「北陸新幹線ルート」として構想されたものではない。ただし、既存の路線（東海道新幹線の米原―新大阪間）を活用すれば、北陸新幹線ルートとしても活用できる、という種類のものである。したがってそのメリットは、大阪接続にあたって既存路線を活用することで、新規整備区間を最小化でき、結果、**投資コストが数千億単位で安くできる**という点にある。しかも、整備区間が短いことから、工期も数年程度という大きなメリットもある。それに加えて、**米原ルートでは通過できない京都の都心部を通過できる**。これは、**北陸と京阪神との共存共栄を考える上で極めて重要なメリット**でもある。

なお、こうしたメリットを最大化するためには、今、新大阪では、JR東海、JR西日本、JR九州といった異なるJR会社が相互乗り入れしているように、**米原でもJR東海とJR西日本が相互乗り入れする態勢を築き上げるべく、各種調整を図ることが不可欠だ**。さもなければ、「米原乗り換え」となってしまい、京阪神と北陸との接続性は著しく低下し、**「米原ルート」を採用するメリットが大きく毀損する**。

このように考えれば、それぞれのルートに長所があり、その裏側はそのまま、それぞれのルートの短所となっている。

ただし、小浜ルートは、米原を中心とした相互乗り入れに伴う各種の調整という「複雑な問題」を回避できるが、費用がかさんでしまう。一方、米原ルートは費用も最小化でき、かつ京阪神と北陸との有機的接続というメリットがある一方で、JR東海とJR西日本との調整という「複雑な問題」を乗り越える必要がある。

こうした状況を勘案すれば、JR東海とJR西日本の相互乗り入れのための「調整問題」を乗り越えられれば、トータルとしての便益がより大きいのは米原ルートだと言うことができるだろう。それゆえ、まずは、整備計画の推進にあたっては、当該調整の可能性を探ることが先決であり、その調整の可否を待って、最終的なルート選定を行うことが得策だと言えよう。ただし、いずれのルートにするにしても、整備されなかったルートの沿線地区のアクセス性を確保する方途を別途検討することが必要であることは言うまでもない。

いずれにしても、北陸新幹線の大阪接続は、「大《だい》大阪圏」をつくり上げる第一歩となる、極めて重要なプロジェクトである。様々な可能性と要素を勘案しつつ、関西と北陸の政財界の力を結集し、一日も早い実現を目指すことが必要だ。それが遅れれば遅れるほど東京一極集中が進行し、各地方の疲弊は加速していく他ないのである。

◆関西と四国新幹線の接続を

次に、大大《だい》阪圏形成に向けて重要となるのが、「関西と四国の新幹線の接続」である。これが接続されれば、四国と大阪・関西との「共存共栄」が加速し、大阪と共に四国が発展し、両者を含めた大大《だい》阪圏がますます活性化していくこととなる。この実現にあたっては、北陸新幹線と四国新幹線の「相互乗り入れ」を考えることも極めて重要である。すなわち、北陸新幹線を新大阪に接続した上で、都心部（うめきた＝大阪駅北地区等）を経由し、さらに南側まで延伸し、これを四国新幹線の路線とするという構想である。

とはいえもちろん、今日の新幹線をめぐる状況を踏まえれば、四国新幹線をめぐる議論の熟度は、北陸新幹線のそれに比べて未だ立ち遅れている感がある。しかし、現在の新幹線整備の終了の目途が立った頃から、いずれの路線をつくるべきかの議論が始められることになる。その時に、十分な検討がなされているか否かが、それぞれの路線が整備計画に「格上げ」されるか否かを決することになる以上、今から、その整備構想を検討しておくことが必要不可欠だ。

今、関西と四国とは、瀬戸大橋に通った鉄道で接続されているが、岡山で乗り換えなければばならない。岡山と四国の間は在来線だから、関西にとって四国は遠い地域となっている。特に、松山や高知は鉄道だと四時間前後もかかっており、距離が近いにもかかわらず飛行機で行くのが当たり前になっている。ところが飛行機で行くとなれば、松山や高知は、東京便の方が頻度も飛行機のサイズも大阪便よりも大きい。したがって、四国の南西部は今や、大阪ではなく、東京との交流が大きくなってしまっているのが実態だ。つまり、北陸が北陸新幹線接続によって東京圏に組み込まれ始めていると同時に、四国もまた、大阪圏ではなく東京圏に奪われ始めているのである。

ただし、これが新幹線で結ばれれば（少なくとも現在、四国四県やJR四国が実際に構想しているプランでは）、一時間強から二時間弱で、四国の高松、徳島、高知、松山と大阪が結ばれることになり、四国と関西の連携は、今と全く違ったものとなる。そうなれば四国全域が、東京圏ではなく「大大《だい》阪」圏の重要な地域になるのである。

◆「北陸・四国」新幹線を、関空につなぐ

さらにこの四国新幹線の議論は、ルートを適切に設定すれば、関西国際空港（関空）を、最大限に有効に活用することが可能となる。図6―5（一九二ページ）をご覧いただきた

い。この図のように、四国新幹線が、関空を通過するようになれば、新大阪駅と大阪駅から関空に十五分程度でアクセスすることが可能となる。

しかも、その効果はそれだけにとどまらない。

これによって関空へのアクセス可能人口が飛躍的に拡大することになる。特に、北陸、四国の人々は、文字通り一時間前後で、乗り換えなしで関空にアクセスすることが可能となる。

そうなれば、関空の利用者は格段に増える。

その結果、各航空会社は、関空利用便を一気に拡大することになろう。そうなれば、当初計画されていた、さらなる滑走路の拡張計画が現実のものとなる。そしてその帰結として、関空がさらなるマンモス空港となっていく。

こうして、関空とそのアクセスが飛躍的に向上すれば、大阪を中心とした関西、西日本の各地域住民が大きな便益を得ることになる。関西、西日本の人々は、海外に行く時にわざわざ成田空港経由で行かなければならない、という面倒なことを金輪際しなくてもよくなっていくだろう。

つまり、「大大《だい》阪」が新幹線ネットワークに関空を接続させることで、**海外との距離を格**

段に縮めることに成功するのである。そしてそれを通して、東京―大阪間の飛行機をめぐる格差も一気に解消されていくことになるのである。

もちろん、その効果は海外の人々にも及ぶことになる。

関空を訪れれば、新幹線で一瞬にして、京阪神、北陸、四国に移動することができる。そうなれば、関西、西日本に訪れる観光客（インバウンド）、ビジネス客は一気に増えていくことになる。これが大阪、関西、西日本の更なる経済成長を促す効果をもたらすのは明白だ。

さらにそこまでくれば、国際的なビジネスを展開する国内外の企業は、もう東京にこだわる必要もなくなり、関西への立地がさらに促されることになる。

かくして、**四国新幹線に関空を接続することで、大阪、関西は国際都市としての都市格が一気に向上することになる**のである。

◆西日本におけるさらなる新幹線プラン

以上、北陸と大阪と関空と四国を一気に縦貫する新幹線投資を図ることで、大阪圏と東京圏、さらには西日本と東日本の格差は一気に縮められることになる。

ただし、大阪を中心とした地図をじっと見据えれば、大《だい》大阪圏を形成するためになすべき、さらに優良なプロジェクトが存在している。

例えば、山陰地方に新幹線を整備する議論は、山陰地域に色濃く存在している（特に、鳥取県知事・平井伸治氏はこの構想に大いに前向きで、様々な取り組みを進めている）。今のところ全国的な議論とはなっていないが、筆者は、これまでの著書の中でも予算制約を考えつつ、まずは、岡山と山陰を結ぶ「伯備線」を新幹線化することの政策を提言している。

さらに、その「伯備線」の新幹線は、岡山をさらに南に貫通して、四国の高松まで接続することも可能である。そもそも、岡山と高松の間にある四国大橋は当初、新幹線と在来線を共に整備することを想定して、十分な幅をもってつくられている。それゆえ岡山と高松の間の新幹線は、必要最小限の予算で実現することも可能である。そうなれば、山陰、山陽、四国という、これまで分断されていた三地域が一気に接続されることになる。

こうしたプランがもしも実現すれば、「大《だい》大阪」圏は間違いなく東京を中心とした「大東京圏」に匹敵するほどの都市圏になる。もちろん、山陰地方との接続や四国との接続についての新幹線投資は、今日においては即座に開始することが必ずしも容易ではない状況ではあるが、リニア同時開業と北陸新幹線の大阪接続構想を、「アベノミクス投資プラン」の有力プロジェクトとして大至急進めることは現実的に決して不可能ではない。したがってそれらを迅速に進めながら、長期的な視野にたって四国や山陰との接続構想についても議論を重ねていくことが必要なのである。

◆「大大《だい》阪」圏をつくり上げるための、効率的な「防災投資」：友ヶ島プロジェクト

ところで「大大《だい》阪」圏の形成のためには、南海トラフ巨大地震対策は必要不可欠だ。そもそも、三十年以内の発生確率が七〇パーセントにも上る南海トラフ巨大地震を無視した大大《だい》阪圏形成プロジェクトなど、論外だ。最悪のケースでは、巨大津波が大阪平野「全域」に襲いかかり、生駒山でようやく止まるほどまでに徹底的に内陸側にまで入り込む可能性が指摘されている。もしそうなれば、もう大阪は二度と復活できないほどの激甚被害を受けることになる。

これを避けるためには、高い防潮堤を大阪湾全体に設けるという方法がある。しかし、そのためにはおおよそ五、六兆円程度の予算が必要となり、この厳しい財政状況では、それは絶望的だ。

そんな中、今、大阪府議会等で議論されているのが、次ページの図6―5に示した紀淡海峡（和歌山県と淡路島の間の海峡）にある「友ヶ島」の位置に防潮堤を一部築き上げ、大阪湾

図6-5　「四国新幹線」（ならびに、「友ヶ島防波堤」）のイメージ例

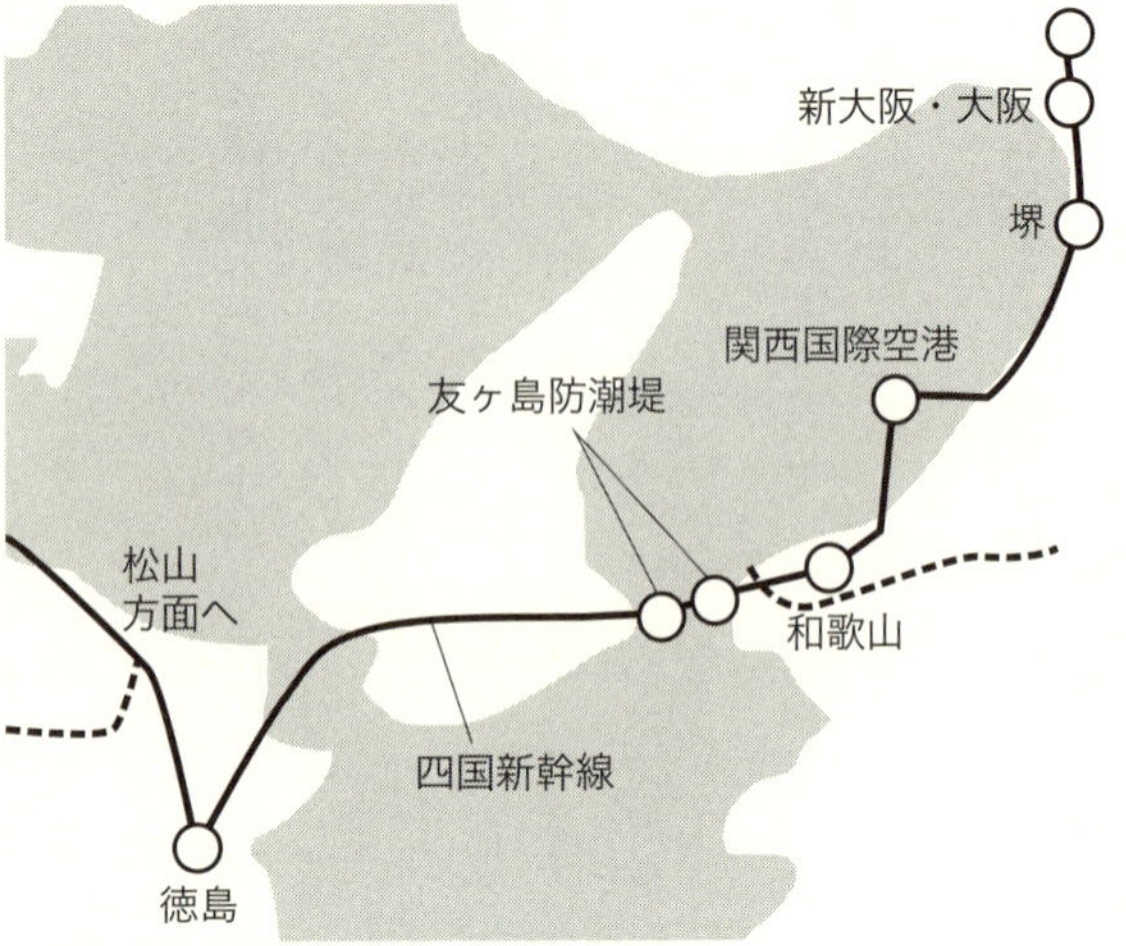

に侵入する津波エネルギーを大幅に減殺させてはどうかという議論である。そもそも「友ヶ島」と淡路島の間は狭い海域になっており、この「狭さ」によって大阪湾に侵入する津波エネルギーが大きく減殺されている。こうした状況を鑑み、ここに一部防潮堤をつくり、津波が押し寄せる海峡の幅をより狭くしてエネルギーを減殺させよう、という次第である。

無論、その防潮堤整備には大きな費用が必要であるが、五〜六兆円もの大規模な予算を投じて大阪湾岸に高い防潮堤をつくるよりも、予算を格段に低く抑えることができる。

しかも、この防潮堤は、その整備の構造を工夫すれば、例えば、四国新幹線の紀淡大橋

の「橋桁《げた》」として活用することもできる。こうした「ダブル利用」を考えれば、「大大《だい》阪」圏形成のためのコストを、さらに圧縮していくことが期待できる。

なおこの構想の具体化に向けては、様々な技術的な制約、そして、**環境的な制約**を考える必要があることは言うまでもない。ただし、そうした諸点も含めて「考え」始めることは、具体的な大大《だい》阪圏の形成のためには、必要不可欠である。

◆中部、関西を地震危機から救う福井エネルギー基地構想

ところで、南海トラフ巨大地震では、仮に上記の友ヶ島の堤防で津波を防げたとしても、地震それ自体によって、大阪をはじめとした各都市が甚大な被害を受ける。したがって、堤防以外の対策を考えることも、当然必要である。

そのためには様々な対策が必要であるが、中でも重要なのが、「エネルギー対策」である。被災後、エネルギーシステムを一刻も早く回復できることが、復旧、復興にとって何よりも重要であることは、幾度かの大地震の経験から、我々が学んだところである。

例えば、東日本大震災の時、あらゆるエネルギー供給が止まった中、いち早く復旧したのが「ガス」であった。なぜなら、ガスについては仙台と、日本海側の各種のエネルギー基地

である新潟の間にパイプラインが接続されており、それを使ったガス供給を、被災後かなり早い時期から再開することができたからであった。

この点を鑑みた時、日本海側と太平洋側との間にパイプラインを整備しておくことが、迅速な復旧、復興を図る「強靭化」のために極めて重要であることが明らかとなる。例えば、新潟は仙台のみならず、東京との間にもパイプラインが整備されていることから、首都直下地震の時にも、ガス供給が比較的早期に実現できることが期待できる。

ところが、関西、ならびに中部地域においては、日本海側との間にパイプラインはつくられてはいない。したがって、南海トラフ巨大地震で大阪や名古屋が壊滅的ダメージを受けた直後には、東日本大震災時の仙台のように、迅速なガス供給を始めることは絶望的な状況にある。

この点を考えた時、例えば福井県の敦賀港にガス基地をつくり、そこから米原までパイプラインを接続すれば、敦賀―大阪間と、敦賀―名古屋間にガスパイプラインが形成されることになる。そうなれば、名古屋や大阪が激甚被害を受けても、迅速に被災地にガス供給を開始することが可能となる。したがって、南海トラフ巨大地震の存在を前提とすれば、このパイプライン建設は、極めて合理的なものであることは論をまたないのである。

さらに、この敦賀港に水揚げされるガスを用いた「発電所」をつくることも、エネルギー強靭化の視点から極めて重要な意味を持つ。そもそも南海トラフ巨大地震が起きれば、大阪、名古屋の臨海部につくられている火力発電所は軒並み使用不能に追い込まれ、結果、中部圏、近畿圏への電力の供給が不可能となってしまう。この問題は、大地震の被害を最小化する上で極めて重要なものであるが、これを回避するためには、日本海側に発電所を設けておくことが非常に重要な対策となるのである。

もしもこうしたエネルギー基地が地震危機対策のために整備されるなら、それを活用した「工場立地」をこの地に誘致していくということも考えられるだろう。そこまで見据えれば、この「**福井エネルギー基地構想**」は、巨大地震対策のための国土強靭化のみならず、やはり、地方創生プロジェクトとして重要な意義を持つものなのである。

◆国会にて「大大《だい》阪圏形成促進法」の制定を

以上、大大《だい》阪圏を形成するための基本的なプロジェクトの概要と、その実現に向けた個々の調整プロセスのあり方について論じた。

その主要な柱は、第一にリニア新幹線の東京・名古屋・大阪の同時開業であり、第二に、北陸新幹線の早期大阪接続である。そして、それらの新幹線を新大阪のみならず、「うめきた」にも接続し、都心開発の有効性を最大化することを図る。これらの整備は、今日検討している政治プロセスを加速することで十分に実現可能なものであり、決して、非現実的な絵に描いた餅ではない。

これによって、大阪圏は関西のみならず、富山・金沢・福井といった「北陸地域」とつながり、北陸と関西が一体的に発展していくこととなる。

これに、四国新幹線への接続も見据えながら、大阪と関空とをつなぐ新幹線を整備すれば、関空と関西、北陸がさらに一体的に発展していくことが期待される。そして長期的には、四国とこれらが接続されることで、大大《だい》阪圏はさらに発展すると同時に、四国各県も、比較的に発展していく契機を得ることができる。

こうして、徐々に大阪を中心として、関西、北陸、四国、そして最終的には山陰も含めた西日本の「大大《だい》阪圏」が徐々に形成されていくにつれて、東京からの企業移転が進んでいくことになる。例えば、これらの新幹線投資が進めば、東京二三区からの移転人口は、リニアの同時開業で移転する人口の約一・六倍の七四万人に達することが、筆者のシミュレーション分析から示されている。一方で、大阪の人口は約一割増加し、周辺諸地域の人口も同様に数パーセントから一割以上のオーダーで増加するという結果が示されている。

このことは、大大阪圏《だい》を形成するための諸プロジェクトは、東京一極集中の緩和と、それを通した国土強靭化、さらには、関西を中心とした北陸、四国、山陰地方の地方創生をもたらすものであることを示している。

しかも、それらの投資プロジェクトを、「アベノミクス投資プラン」として位置づけ、計画的に推進すれば、フロー効果と期待形成効果が、日本のマクロ経済全体にもたらされることとなる。それゆえ、これを迅速に進めれば、今日の消費税増税による経済停滞状況を緩和すると同時に、二〇一七年に予定されている、さらなる増税による経済ショックに耐えうるほどの勢いを日本経済にもたらすことも期待される。そして言うまでもなく、そうした経済成長を通して、税収が増加し、その結果、プライマリーバランスを含めた各種の財政状況指標が改善していくことも期待できる。

このように、大大阪圏《だい》を形成するための各種の投資プロジェクトは、関西のみならず西日本全体に大きな「ストック効果」をもたらすとともに、その投資規模が十分である限りにおいて、マクロ経済に大きなポジティブなインパクトをもたらすわけである。しかも、以上の大大阪圏《だい》構想の各プロジェクトは、安倍内閣が二〇一四年に策定した「日本再興戦略」における以下の記述に則ったものであることは明白だ。

「更なる都市の競争力の向上と高規格幹線道路、整備新幹線、リニア中央新幹線等の高速交通ネットワークの早期整備・活用を通じた産業インフラの機能強化を図る」

この点を鑑みても、大《だい》大阪圏構想は国家プロジェクトとして推進すべきものであることは明白である。

ついては、この問題は大阪ローカル、関西ローカル、西日本ローカルの問題として捉えるのではなく、国家全体の問題として改めて捉えた上で、上記の各種プロジェクトを着実に推進していくことを保証するための**「大《だい》大阪圏形成促進法」**を国会にて制定することが必要だ。是非とも、こうした国民的議論を重ね、東京一極集中の緩和、地方創生、国土強靭化、デフレ脱却と財政再建を具体的に進める大《だい》大阪圏の形成プロジェクトに一日も早く着手し、推進していくことを祈念したい。

第七章

地方を甦らせる「四大交流圏」形成構想

～「太平洋ベルト」集中構造からの脱却～

◆「太平洋ベルト集中構造」を維持し続ける合理的な理由などない

「大大《だい》阪圏の形成」は、東京一極集中を終わらせるために、肝となる政策方針である。東京と大阪のいわゆる「二眼レフ構造」をつくり上げることができれば、首都直下地震で東京に深刻な壊滅的被害がもたらされたとしても、日本国家それ自身が深刻な状態に陥ることを回避することができるからである。

しかし、同じく三十年以内の発生確率が七〇パーセントと言われている「南海トラフ巨大地震」の存在を加味すれば、東京大阪の二眼レフ構造をつくり上げるだけでは不十分である、という実情が見て取れる。太平洋ベルトの諸都市が一気に被災するのが南海トラフ巨大地震だからである。それを考えれば、太平洋ベルトに集中しすぎた国土の構造を抜本的に解消していくこともまた、必要不可欠なのである。

しかも、太平洋ベルトへの集中の是正、解消は、将来の「地方消滅」を避けるための「地方創生」を考える上では、是が非でも実現しなければならない国家政策方針である。

そもそも特定地域への一極集中は、我が国の国土が限られているにもかかわらず、特定エリアだけを活用し、多くの地域を遊ばせているようなものである。これほどもったいないことはない。そんな限定利用をしているから、過疎の問題も過密の問題も起こっているのであり、さらに特定の自然災害による被害規模を天文学的水準にまで引き上げてしまっている。じつに愚かしいことに、地震リスクの高い地域に限って大規模な都市開発をしたのが、現代の日本人なのである。

もちろん、グローバル化が進展する過激な国際競争に打ち勝つためには、都市に集中させることが必要なのだ――という意見がある。

しかし、それは**完全なるデマ**だ。

そもそも、先進諸外国の中で、日本ほど首都にあらゆるものを集中させた国家はない（一六三ページの図6―1参照）。それにもかかわらず、我が国の過去十年、二十年間の経済成長率は、先進国中、文字通りの「最下位」だ。一方で、大きく力強い成長を続けるアメリカもドイツも一極集中どころか、それとは真逆に、主要都市の人口比は、年々低下しているのが実態だ。

つまり、**東京一極集中、太平洋ベルト集中構造を維持し続けなければならない合理的な理由などそもそも存在しない**。あるとするならそれは、東京や太平洋ベルト地域の人々の**「地域エゴ」**くらいなのではないか。国益の視点から言えば、明らかにそのデメリットがメリットを上回っている。だからそれらの集中の解消は、今日の日本国家の最重要課題の一つであるのは明白なのだ。

◆「太平洋ベルト集中構造」から脱却するには、「必要最小限のインフラ投資」が必要

それでは、東京、そして太平洋ベルト地域への集中構造を緩和、是正していくために何が求められているのか。東京一極集中を終わらせるためには、大《だい》大阪圏構想が不可欠であることを述べたが、これは、太平洋ベルトの相対的優位性を高めてしまうという側面を一面において持っている。とりわけ、東京─大阪間のリニアは、太平洋ベルトへの集中構造を強化するものである。もしも、リニアだけ通し、それ以外の地域に何の手立ても講じないとするなら、太平洋ベルトに何もかもが吸い尽くされていくのも当然だ。

したがって、太平洋ベルト集中構造からの脱却には、太平洋ベルト「外」の地域の魅力を高めていくプロジェクト展開が必要不可欠である。すなわち、日本海側、九州、東北・北海道の諸地域に、太平洋ベルトに対抗できるほどの「魅力」が備わるような各種プロジェクトを企画し、推進することが求められているのである。

リニアまで通るような太平洋ベルトに対抗できるほどの魅力をつけさせるなど、地方には

無理ではないか――とお感じの方もいらっしゃるかもしれない。しかし、それは十二分に可能なのだ。

第一に、太平洋ベルトの三大都市圏は、極めて深刻な巨大地震リスクを抱えている。この一点だけでも、長期的な事業展開を考える企業にとっては、太平洋ベルトから「逃げ出す」十分な動機となる。したがって、それ以外の地域に**「一定水準のインフラ」**さえあるなら多くの企業が移転していく可能性は、十二分にありうるのだ。とりわけ、本社機能の全面移転ではなく、会社機能の一部を「バックアップ」として、災害リスクを見据えた日本海側の都市等に分散化させるという対策なら、より多くの企業が採用する可能性も考えられる。

第二に、「生活の質」は、大都市よりも地方都市の方が圧倒的に高い。例えば、出生率は地方都市の方が大都市よりも圧倒的に高いことは今やよく知られた事実となっている。こうした生活の質の高さは、勤務者の家族にとっては極めて重要な要素だ。とりわけ昨今では、オフィスや工場、本社の移転において、従業者の「家族」の意見を重視する企業が増加していると言われている。その点から考えても、**「一定水準のインフラ」**が整ってさえいれば、東京や太平洋ベルトから地方への企業移転は十分に考えられるのである。

こうした実情を考えれば、何も日本海側諸地域や九州、東北、四国、北海道に、太平洋べルトと全く同じ水準のインフラがなければ分散など生じない、と考える必要などないのである。太平洋ベルトへの集中傾向の緩和、是正のためには、地方部におけるインフラ投資が「最低限」のものでも十二分の威力を発揮するのである（そしてもちろん以上に加えて、現在政府の「地方創生」の施策展開の中で進められている、地方における納税の優遇策などを組み合わせれば、より効果的な地方への分散化が期待できることとなる）。

◆二十年後を見据えた「四大交流圏」の形成プロジェクトを

筆者は以上の認識に基づいて、太平洋ベルト地域の外側に、二〇六ページの図7―1に示した「四大交流圏」の形成構想を、今から三年前の二〇一二年五月に策定し、これを全国知事会、ならびに当時の民主党政府に提案している。

その四大交流圏とは、図7―1に示した、以下の四つである。

◆北方・大交流圏
◆北陸羽越・大交流圏
◆中国四国・大交流圏

◆九州・大交流圏

これら四構想と連携しつつ、大大阪《だい》圏の形成構想を進めることで、東京一極集中と太平洋ベルトの集中構造から脱却し、限られた国土をより効率的に活用できるようになる。

なお、この「大交流圏」構想の背景について、改めて解説しておくこととしよう。そもそもこれは、大大《だい》阪構想と全く同じ着想に基づくものである。

例えばリストやゲーテ、マルクスら、社会科学の巨人たちが指摘したように、都市間の交通インフラに投資すれば、各都市間の交流を促し、社会的、さらには文化的統合をもたらし、産業を反映させ、経済を発展させる。それらはたんに理論的に主張されているのみならず、第一部で様々に示したように、現実世界で起こっている現象だ。「太平洋ベルト」が形成されたのも、そのベルト地域に交通インフラが整備されたからにほかならず、東京がこれだけ発展し、大東京圏が築き上げられたのも、東京を中心とした新幹線等の交通インフラが整備されていたからにほかならない。

したがって、ここで論じようとする四大交流圏もまた、それぞれの地域の交通インフラを形成し、それぞれの地域の交流を促し、発展させていこうとするものなのである（なお、政

図7-1　日本の国土資源を最大限に活用するための、
大東京・大大阪圏以外の四大交流圏

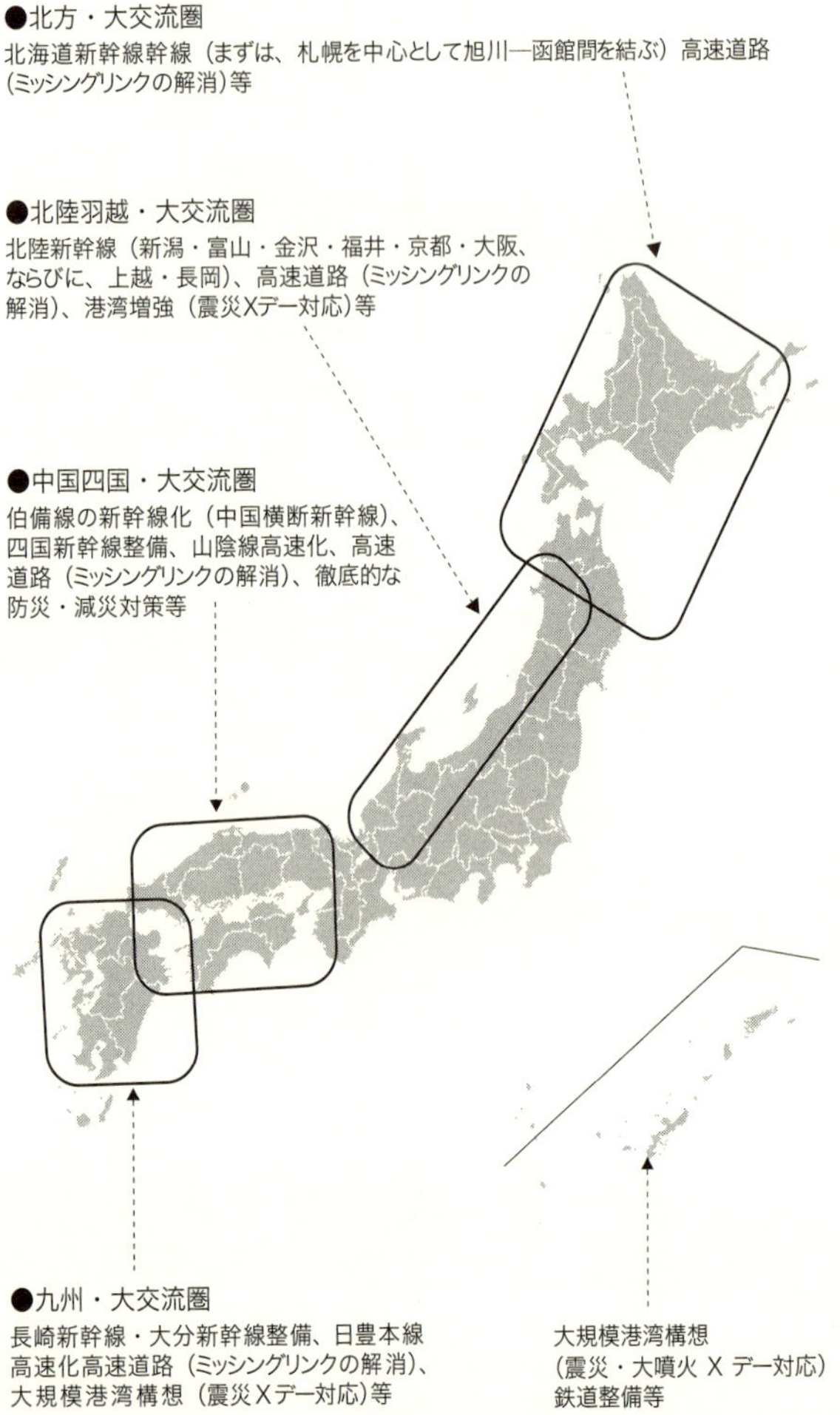
●北方・大交流圏
北海道新幹線幹線（まずは、札幌を中心として旭川―函館間を結ぶ）高速道路（ミッシングリンクの解消）等
●北陸羽越・大交流圏
北陸新幹線（新潟・富山・金沢・福井・京都・大阪、ならびに、上越・長岡）、高速道路（ミッシングリンクの解消）、港湾増強（震災Xデー対応）等
●中国四国・大交流圏
伯備線の新幹線化（中国横断新幹線）、四国新幹線整備、山陰線高速化、高速道路（ミッシングリンクの解消）、徹底的な防災・減災対策等
●九州・大交流圏
長崎新幹線・大分新幹線整備、日豊本線高速化高速道路（ミッシングリンクの解消）、大規模港湾構想（震災Xデー対応）等
大規模港湾構想
（震災・大噴火 X デー対応）
鉄道整備等

府は今、「ネットワーク」を形成することで「対流」を促すという国土のグランドデザインを取りまとめているが、その基本的な考え方は、ここで論じているものと軌を一にするものである）。

ついては以下、これら四大交流圏の具体的な中身について簡潔に紹介しよう。

◆「北方・大交流圏」形成構想

この地域は現在、札幌への過度な一極集中が進んでいると同時に、道央地域と青函地域とが分断されており、両地域の発展が大きく阻害されてきた、という経緯がある。

こうした状況を鑑み、札幌・旭川を中心とした道央地域と、函館・青森の青函地域を「新幹線」で連結することを通じて、一大交流圏を形成する。

これらにより、北海道地域の札幌への一極集中を緩和するとともに、大交流圏内の飛躍的発展を期する。ここに、北方での事業に利益を受ける各種民間の移転を促す。

なお、この新幹線は現状では、二〇三一年までにつくられることになっているが、**新幹線整備への国費投入額を見直し、技術的に可能な最短時間での完了を目指す。**そもそも、首都直下地震も南海トラフ巨大地震も、いつ生じてもおかしくない状況にあることから、北方・大交流圏の形成は、可及的速やかに行うべきである。

同時に、「食糧安全保障」の観点からの日本国家強靭化を期して、上記インフラ整備と協調の下、さらなる農畜産業の強靭化を図る。

さらに、より長期的な視点としては、青函地域はすでに八戸《はちのへ》を通って北陸新幹線で結節していることから、北方交流圏は北東北と連結されることとなることを鑑み、北方交流圏への日本海側の秋田方面からのアクセス性向上のための諸施策（鉄道高速化、高速道路整備）を図る。さらには、新幹線・高速道路ネットワークを道東・道北に延伸するとともに、新幹線延伸も含めた秋田方面へのアクセス性のさらなる向上を期する。

そして何よりも長期的な視点で重要なのは、青函間に明確に存在する人流・物流上のボトルネックを解消することである。

例えば、二〇一六年に開通する新函館―青森間の新幹線区間であるが、この路線はもちろん、青函トンネルを通る。しかし、青函トンネルには在来の鉄道も通っており、この在来の列車とすれ違う際に大きな風圧がかかるため、新幹線がフルスピードで走行することができないという問題を抱えている。したがって、新幹線であるにもかかわらず、この五〇キロ以上もの長さのあるトンネル区間では、その機能を最大限に発揮することができないのである。

この問題を解消するためには、**青函間にさらなるインフラ投資を図り、もう一つのトンネ**

ル、あるいは橋を架けることが重要である。そもそも、本州と四国の間には三本の橋（三本の高速道路、一本の在来線）が架かり、本州と九州の間には三つのトンネル（国道、在来線、新幹線）と一つの橋（高速道路）が架かっている。それらの接続性を考えれば、北海道と本州の間にトンネルが一つだけという状況は、北海道だけが、圧倒的に本州と「分断」されていることを意味している。

こうした実情も踏まえるなら、青函間にさらなるインフラ投資を図るのは決してありえない話ではない、ということがわかる。ついては青函地域の一体的発展を図るのみならず、それを含めた北方大交流圏の活性化を図る上で必要不可欠なものであることから、まずは可及的速やかに、その合理性の有無の検討を始めることが必要である。

◆「北陸羽越・大交流圏」形成構想

この地域は、新潟が東京と新幹線で連結され、富山・金沢・福井が京都・大阪と在来線で、そして東京と新幹線で（金沢まで）連結されているものの、新潟―富山間が分断されている、というのが現状である。

また、新潟と山形・秋田方面とのアクセス性も著しく低い状況にある。

つまり、このエリアの各都市は「分断」されてしまっており、当該地域の各都市の発展が著しく阻害されているのが実情である。

この状況を打開し、この地域に活力ある交流圏をつくり上げるためには、第一に、大《だい》大阪圏の際にも指摘した、**京都・大阪への北陸新幹線の接続**が急務である。このインフラ投資は、例えば金沢―大阪間を一時間強で接続することを通じて、大阪の発展にも寄与すると同時に北陸の大きな発展を促し、北陸と関西の交流圏を形成することとなる。

またこれと同時に急ぐべきプロジェクトは、**「長岡―上越」間の新幹線路線の投資**である。これができれば、現在「分断」されている「北陸新幹線」と「上越新幹線」を連結させることが可能となる。つまりこの投資は、**既存の北陸と上越の新幹線路線を「有効利用」し、最小の投資で最大の効果を発揮させる優良投資**なのである。これができれば、富山―新潟間を一時間強で連結させることを通じて、北陸羽越・大交流圏の形成が促されることとなる。

またこれらにあわせて、羽越本線・奥羽本線の高速化を果たすとともに、高速道路のミッシングリンクを整備することも、当然ながら当該交流圏形成においては重要な意味を持つ。

さらには、中国・ロシア等との交易を見据えた日本海側の港湾拠点として、特に首都直下地震時のバックアップ港湾として、新潟港と富山港等の大型化を目指していくことも重要である。なお、敦賀港については、その地理的な優位性を鑑み、大阪、名古屋へのエネルギー供給のバックアップ基地とするための投資を図ることが得策であるのは、大大《だい》阪圏構想を論じた際に述べた通りである。

なお、国家のエネルギー安全保障を確保し、日本国家そのものを強靭化するために、中央政府による近隣諸国との調整を通して、メタンハイドレード等の日本海における海底資源開発を迅速、かつ、大規模に展開することも重要な取り組みである。

なお、さらに長期的なビジョンとして青森から山口までの「日本海軸」の形成を念頭に置きつつ、そもそも政府が昭和四十年代に決定している基本計画に基づき、上越新幹線の山形（庄内）や秋田方面への延伸の検討もまた重要である。

それとともに、首都直下地震や南海トラフ巨大地震発災時に、迅速な救援、支援を図ることを見据えながら、太平洋側との間の高速道路ミッシングリンクの整備を促していくことも重要な方針である。

◆「中国四国・大交流圏」形成構想

この地域は、山陰地域への瀬戸内側からのアクセス性が著しく悪い。

また、四国と本州との間に三本架橋がなされているが、新幹線整備が進められていない。

こうした事情から、山陰・山陽・四国がそれぞれ「分断」されており、当該地域の各都市の発展が著しく阻害されている。

ついては、**岡山―米子―松江―出雲をつなぐ伯備線を主体とした新幹線**、すなわち、**中国横断新幹線を整備**するとともに、**岡山―高松をつなぐ四国縦断新幹線の一部区間を整備**し、これを軸として中国四国・大交流圏の形成を促す。

同時に、山陰本線の高速化を果たすとともに、四国内においては予讃《よさん》線の高速鉄道化と高速道路のミッシングリンクの整備を進める。

また、南海トラフ巨大地震による激甚被害が予期される高知・徳島では、救援ルート確保のための高速道路整備や避難所整備、堤防整備を急ぐとともに、文科省・経済産業省とともに徹底的なリスクコミュニケーション・BCP（IT事故を主に想定した事業継続計画）の推進を図る。

なお、四国に関しては、長期的な視点で考えるなら、大大阪《だい》圏構想の際にも述べたように、大阪・関空と四国の各都市とを結ぶ四国（縦断）新幹線の形成を図ることが重要である。この四国新幹線構想は現在、四国各県の政財界、官界が互いに協力しながら具体的に検討が進められており、盛んに国への要望も出されている。これができれば四国の飛躍的発展はほぼ約束されたものとなる。是非とも、その具体的な推進が必要である。

◆「九州・大交流圏」形成構想

この地域は、西側には新幹線をはじめとした交通インフラが整備されている一方、東側の交通インフラ軸は極めて脆弱であり、宮崎が陸の孤島化するなど、各都市が分断され、それゆえに各都市の発展が大いに阻害されている。

現在、東側では、高速道路の建設が徐々に進められ、ほぼ完成に近づきつつあるが、この既存投資を最大限に有効利用するためにも、未だ残されている「ミッシングリンク」の速やかな整備が必要だ。

ただし、九州・大交流圏を形成するにあたって何よりも必要とされているのは、すでに計画されている長崎新幹線（九州新幹線長崎ルート）に加えて、東九州の北九州—鹿児島間の新幹線を開通させ、九州環状新幹線を形成する投資を図ることである。

しかし、それを形成するための議論の熟度も、地元の熱意も、必ずしも十分な水準には達してはいない。まずは高速道路をいち早く接続することが急務であり、新幹線の整備にまで地元の政財界の意識が到達していない、というのが実情のようである。

とはいえ、東九州の高速道路の接続が目前に迫った今、その次を見据え、東九州新幹線に対するインフラ投資を通じた「九州環状新幹線」構想の実現に向けた議論を今から始めておくことが、強く求められる状況にある。

こうした状況の中で、どのような戦略で、東九州に新幹線を通していくことが得策なのかについて、筆者は次のように考えている。

まず第一に、北九州―大分間の大分新幹線（東九州新幹線の一部区間）を整備すべきである。そもそも、北九州―大分間の、現状の在来線の利用客数は、決して少なくはなく、それなりの需要が存在している。そんな状況下で新幹線がつくられれば、さらにより多くの需要が見込めることになるのは明らかだ。それゆえ、社会的な必要性のみならず、事業として赤字を出さないという経営の視点から言っても、北九州から大分までの間に新幹線を整備することは、極めて有望なインフラ投資項目である。

加えて、それと同時に、鹿児島まで西側を通って到達している九州新幹線を、さらに宮崎方面へと「延伸」していく構想を検討することが得策なのではないか、と筆者は考えている。これは、JR九州にとっても、さらなる旅客数の獲得に向けて、決して不条理な取り組みとは言えぬものである。

さて、こうして南からの「既存九州新幹線の延伸」と、北からの「大分までの東九州新幹線の整備」が実現すれば、宮崎と大分の間に、新しい「ミッシングリンク」が生み出されることになる。そうなれば、あとはその「ミッシングリンク」を埋めるべし、という議論が自ずと巻き起こることとなろう。それゆえこうしたプロセスを踏めば、九州をぐるりと一周する「九州環状新幹線」を形成することは、必ずしも半世紀や一世紀、二世紀といった、甚大な時間を費やさずとも、数十年のうちに十二分に可能だ、と言えるのではないかと思う。

ところで、当該交流圏の中の沖縄については、発災Xデーにおいて想定被災地の港湾が壊滅した場合でも大型船が寄港できる港湾を国内に整備すべく、那覇港を大型化することが重要である。さらには、未だ整備されていない那覇と名護の間の鉄道整備を進めることが肝要である。それができれば、沖縄の県土が、最大限に有効利用されることとなろう。

◆「沈黙の螺旋」を破る発言こそが、「四大交流圏」を形成する第一歩である

以上、本章では、太平洋ベルトへの集中構造を打破するための、北方、北陸羽越、中国四国、そして九州の、四つの「大交流圏」の形成を促すインフラ投資の概要について論じた。

こうした議論は、日本国政府における国土強靭化、地方創生の議論に加え、国土形成計画とその地域計画を考える上において、重大な意味を持つものである。

しかし、これまでの戦後日本の政治行政の展開から考えて、本章で述べた内容が即座に高く評価され、全面的に展開されるようになるとは考えがたいのも事実である。そもそも我が国における一般的な「インフラ論」は、常に「そんな議論はどうせ、既得権益者が私腹を肥やすためだけに口にしているものなのだろう」という「シロアリ論」にまみれて論じられ続けてきたからである。

しかし、そうしたデマによる誹謗中傷を恐れ、全ての論者が語るべきインフラ論を語らずに**沈黙**を保ってしまえば、なすべきインフラ投資がますますできないままとなり、地方は創生できず、国土は脆弱なまま、そして、デフレからは脱却できないままに放置されかねない帰結が導かれてしまうこととなる。

これほど愚かなことはない。

しかし残念ながら、そんな愚かなことが繰り返され続けてきたのが、この平成日本の現実なのだ。

だからこそ、客観的な根拠に基づいて、**なすべきインフラ論を正々堂々と「発言」するこ**

とこそが、あらゆるインフラ論に対する不当なデマや誹謗中傷が強制せんとする**「沈黙の螺《ら》旋《せん》」を打ち破り、**地方を創生し、国土を強靭化し、デフレから脱却し、**あらゆる側面から国益を増進するための第一歩となる**に違いないのである。

すなわち、今日のこの状況下で、本章で論じた四大交流圏がそれぞれの地で実現していくために何よりも求められているのは、**シロアリ論に代表されるデマや誹謗中傷に臆することなく、その「必要性」を正々堂々と発言する論者が一人でも多く現れること以外にないので**ある。

そして、そうした発言を耳にした心ある人々の中には、その実現に向けて考えられるあらゆる政治的、経済的、財政的、行政的、環境的、社会的な諸課題を発言する人も出てくるだろう。それは、**「シロアリ論」に基づく誹謗中傷やデマとは完全に一線を画した**発言だ。

そういう発言が公的空間の中でなされ始めれば、そこではじめて「議論」が成立することになる。

つまり、そこで指摘される諸課題を克服するために、今、誰が、何をすればよいのかを論じ合う**自由な議論空間**が、そこではじめて生まれてくるのである。

そしてそうした空間の中で自由な議論を重ね、その議論を一つにまとめ上げたものこそが

「インフラ投資プラン」となる。

そこでは、現実的な諸状況の全てを勘案した上で、実現性の高いものが優先的に実施されていくことが「計画」されると同時に、実現に困難を伴うものほど、様々な調整期間を設けることを通じて中長期的に実施していくよう「計画」されることとなろう。

例えば、北方大交流圏においてなら、まず第一に検討されるべきは、札幌までの新幹線の、「より早期の実現」である。なぜなら、この「早期実現」は、たんに北方交流圏の早期実現を促すだけでなく、大《だい》大阪圏と北陸羽越・大交流圏における北陸新幹線の大阪接続の早期実現にもつながるものだからである。一方で、青函間のトンネルや橋の構想は、長期的な視点からの議論が必要であることから、まずは、その「議論を行うことそれ自身」をプランの中に組み入れるという次第である。

是非とも、一人でも多くの読者が、こうした議論を粘り強く積み重ねられんことを、祈念したい。今は実現などできそうにもないプロジェクトでも、そうした議論を地道に真剣に粘り強く積み重ねれば、時に驚くほどたやすく実現するということは、十二分にありうることなのである。

第八章

地域の絆を強める「ソフト・インフラ」を育む

◆じつは、インフラにもソフトとハードがある

本書ではここまで、主として国土や都市といったスケールのインフラについて論じてきた。

しかし、そもそもインフラとは「下部構造」という意味だ。

そして下部構造＝インフラには、国土的、都市的インフラのみならず、じつは文化的、社会的インフラ、制度的インフラも存在する。

例えば、日本語という「システム」や、日本の昔からの風習やしきたり、家族という仕組み、さらには、日本国政府や地方自治の仕組みなどはすべて我々の暮らしを支える「インフラ」である。

ただしそれらはいずれも、目に見えるものではない。

だからしばしば、これまで論じてきた**「目に見えるインフラ」**を「ハード・インフラ」と呼ぶ一方で、これらの**「仕組みやシステム」のインフラは「ソフト・インフラ」**と呼ばれてきた。

このソフト・インフラとハード・インフラとの関係は、**互いが互いを規定する「入れ子構**

造」になっている。例えば、交通ネットワークができあがることが、それぞれの地域に「交流圏」をつくり上げ、しばらく時間が経過すれば、その交流圏に一つの「文化」や「アイデンティティ」が形成されていく。すなわち、ハード・インフラによってソフト・インフラがつくり上げられるわけである（これが、マルクスが論じた、物理的交通インフラが、上部構造であるあらゆる社会的制度を規定する、という論理である）。

さらに、そうやってできた「文化」や「アイデンティティ」に基づいて、その交流圏に様々な目に見えるインフラがつくり上げられていく。アイデンティティを強化するためのシンボリックな建物や交流圏内部の交流をさらに促進する交通インフラなどである。東京都庁の建物や東京の地下鉄ネットワークなどは、東京のソフト・インフラを支えるためにつくられたものだ。つまり、先のプロセスとは逆に、ソフト・インフラによってハード・インフラがつくり上げられていくのである。

◆ソフト・インフラは生もの、生き物である

ところで、ソフト・インフラを短期間のうちに直接形成していくことは必ずしも容易ではない。その点が、「突貫工事」さえ行えば迅速につくることができるハード・インフラとの

大きな相違点だ。

その意味において、人為的にソフト・インフラを形成しようとする際、ハード・インフラの形成は重大な意味を持つこととなる。

例えば、大交流圏というソフト・インフラは、交通ネットワークの形成を通じて徐々に形成されていくものである。今日の大東京圏も、太平洋ベルト地域も、そうやってハード・インフラによってつくり上げられてきたのである。

とは言え、ハード・インフラさえつくれば、ソフト・インフラが上手につくり上げられるようになる、というようなことはもちろんない。**それぞれの土地の「文脈」**、つまりその土地々々に、すでに存在している経済活動や文化や風習などを全てくみ取りつつ、それに整合する形でハード・インフラがつくり上げられた時にはじめて、ソフト・インフラが育まれることになる。

一方で、それができないままに、いわば、**各地の「文脈」**の一切を無視する形で、「唐突」にモノがつくられてしまえば、いわゆる「無駄な箱もの」ができあがることになる。観光客目当てに無理矢理つくった記念館に閑古鳥が鳴く、という例の風景である。

あるいは、「ゆるキャラ」の乱立もまた、ソフト・インフラの形成の難しさを示している。一部の人気者を除くと、ほとんどのゆるキャラは、その存在すら知られていない。観光客の求めるもの、地元の人々の気分といった文脈を無視して「唐突」につくられるものは、ヒット商品にはならないのだ。

さらに言うなら、得体の知れない「改革」によって、行政や地域、国家が疲弊していく、というのも同様だ。どこかの誰かが、どこかから引っ張り出してきた空理空論に基づいて、それまでの、その組織や地域の「文脈」の全てを無視し、暴力的に仕組みをつくり変えたところで、どうにもならない。本当のソフト・インフラである社会的な構造はそんな改革によっては何ら変わらず、改革は失敗するほかない。それこそ、**無駄な改革**だ。

つまり、**ソフト・インフラは「生もの」であり、ある種の生命を宿した「生き物」なのである。**生ものや生き物は、うまく育てれば活力ある形で大きくなっていくが、育て方を間違えれば、衰弱、衰微していくほかないのである。

◆「コミュニケーション」によるソフト・インフラの形成

かくして、ソフト・インフラについては、ハード・インフラにおいてはどうしても必要となる「設計する」「整備する」といった概念よりはむしろ、**「育む」「育てる」といった言葉**

がより適当である。せいぜいが「**形成する**」「**つくられる**」といった程度の表現はありうるとしても、「設計」したり「整備」したりするようなものではないと捉えられるべきなのである。

この視点に立った時、取り組みそのものも、ハード的な取り組みと、ソフト的な取り組みの両面が必要であることが見えてくる。

つまり、交通インフラの形成といったハード的な取り組みと、コミュニティを活性化したり、教育のあり方を改善したり、といったソフト的な取り組みの双方が、良質なソフト・インフラを「育て上げる」あるいは「形成する」ためには不可欠なのである。それはちょうど、子供の受験勉強を促す際には、勉強しやすい環境、放っておいても勉強してしまうような環境をハード的につくる一方で、適切な教師をつける、というソフト的な取り組みをあわせて行うことが求められることと同様である。

例えば、都市計画や国土計画というスケールを考えた時のソフト的な取り組みの代表的なものが、第五章で述べた「**モビリティ・マネジメント**」に代表されるコミュニケーションの取り組みだ。この取り組みは、「既存のハード・インフラ」の最大有効利用を目指し、それが公共的に求められていることを念頭に置きつつ、時に直接公衆に「伝達」しながら、既存インフラの利活用を進めようとするものであった。

例えば、都市内の公共交通の利活用が、このモビリティ・マネジメントによって促進されれば、公共交通自体も活性化し、より良質なモビリティを提供することが可能になると同時に、まちなかに「にぎわい」が取り戻され、そのまち自体が経済的にも社会的も、さらには文化的にも活性化されることになる。結果として、**その「まち」という一つのソフト・インフラがより良質なものへと育てられていく**ことになる。

なお「まち」とは、一つの地理的に限定された空間における「交流圏」である。したがって、先の章で述べたような「大交流圏」の地域限定版が「まち」と呼ばれる現象なのである。

いずれにせよ、**それらの交流現象は、もっとも広い意味における（社会学的な）「制度」であり、それもまた、ソフト・インフラである。**

そもそも、そうした交流現象があるということは、さながら、そこに川の流れがある、というようなものである。私たちは、そうした川の「流れ」を使ってものを流したり、運んだり、捨てたり、水車をつくったり、発電をしたりすることができる。つまり、そういう「流れ」そのものも、広い意味におけるインフラなのであり、それと同様に、街や大交流圏といった、**定常的な「交流」の存在それ自身が、インフラ**となっているのである。

だから、**「まち」というもの、**そしてそれをもっと大きく拡張した**「くに」という概念そのものも、それらが広義の「交流圏」を意味するものである以上、それらもまた、ソフト・インフラなのである。**

◆「シビックプライド」が地域にソフト面の交流をもたらす

さて、これまで述べたようにこういう「まち」というソフト・インフラは、交通インフラの整備やその促進を図ることで活性化できるが、それは「物理的な交流」を促すことによる活性化である。それよりもさらに**「心理的・精神的な交流」を促すことで、まちを活性化するというアプローチもある。**

その代表的なものが「シビックプライド」を活用したアプローチである。

それぞれの街には「我が街の誇り」がある。

京都人は京都に強烈なプライドを持っているし、神戸の人々も、大阪の人々も、それぞれの街にプライドを持っている。東京においても、例えばそういうプライド意識は「江戸から続く下町」において色濃く存在している。さらにはそれ以外の新興住宅に住む東京の人々でも、「我が街は日本の首都、世界の大都市、東京だ」というプライド意識を持っている。

それは、そうした大都会だけではなく、全ての地域々々に存在している。有名なところでは、遠野には遠野物語があり、出雲や高千穂には神話の物語があり、それ以外の日本のありとあらゆる地域に伝説や物語がある。最近ではB級グルメや、ご当地ソング、先にも引用した「ゆるキャラ」も存在する。最後は水や空気がうまい、ということだけでも誇らしく語られる。

そうした**各地域の様々なプライド、誇りは「シビックプライド」（市民の誇り）と呼ばれているの**である。

こうしたシビックプライドは、例えば学校や家庭などの「教育」や、その地域の様々な人々の間の交流を経て、徐々に、一人一人の精神に根付いていくものである。

それゆえ、それぞれの地のシビックプライドは、それぞれの地に長らく住み続けた人々の精神の中に、遅かれ早かれ、共通して必ず何らかの形で宿ることになる。したがって、学校教育や地域教育などで、「意図的」にシビックプライドを活性化しようとすることも可能である。

ただし、それをどれだけ活性化しようとも、日常の暮らしの中の言動に常にシビックプライドが立ち現れてくる、ということはない。むしろそれは、**静かに精神の中に沈殿している**のが一般的だ。

ところが**何かのきっかけ**があれば、それはその地の人々の精神の内から簡単に呼び覚まされ、共鳴し合い、場合によっては**大きなうねり**を巻き起こす。例えば「甲子園球場での阪神タイガースファンのウェーブ」は、まさにそれを象徴している。

つまり、**シビックプライドは、それぞれの地に住まう人々の精神の内に「共通」に埋め込まれたものであるから、それが現出すれば、瞬く間に「共同作業」が可能となり「交流」が始められる**こととなるのである。

つまり、交流を生み出すハード的アプローチの代表が「交通インフラ」であるとするなら、**交流を生み出すソフト的アプローチの代表が「シビックプライド」なのである**。それゆえ、交通インフラとともに、シビックプライドもまた、それぞれの地のソフト・インフラが形成されていく上で、もっとも本質的な役割を担うのである。

◆共同プロジェクトが、シビックプライドを活性化する

このことはすなわち、「シビックプライドの刺激」は、「まちづくり」「くにづくり」にお

いて中心的な役割を担うことを意味している。

その代表的な事例は、戦後の「くにづくり」を、国民全員が協力しながら果たした**「戦後復興」**である。

それは、阪神タイガースファンが大阪、関西へのシビックプライドを共有させながらつくり上げる甲子園の大ウェーブのように、戦後の日本人が日本という国家に対するシビックプライドを共有させながらつくり上げた大ウェーブであった。それによって我々日本人は瞬く間に、戦後焼け野原から高度成長を遂げ、近代的な国土をつくり上げ、全国各地に現代的な都市をつくり上げていったのだ。

その中でも特に象徴的な存在が、本書で何度も取り上げた「新幹線」だ。

当時の国民は、文字通り世界一速いその列車を「夢の超特急」と呼び、戦後焼け野原から立ち上がり、欧米列強に敗れ去った敗北からの復活のナショナル・シンボルとした。しかも、そうしてできあがった東海道新幹線は、東京、大阪、名古屋の三大都市圏を統合して一つの超巨大都市圏を生み出し、それを通じて国民的交流を促進し、ナショナリズムをさらに強固なものに仕立て上げていったのである。

一般に、このような国民全体が参加する大きなうねりを「ナショナリズム」という。それはミクロ的には「国民意識」とも言われるが、マクロから見れば大きな「国民運動（国民的ウェーブ）」である。

なお、こうした新幹線をめぐる社会学的分析は、拙著『新幹線とナショナリズム』で詳しく論じているので、是非そちらを参照いただければと思うが、その中で特に重要なのは、「新幹線をつくり上げる」という国民全員が参加する大国家プロジェクトそれ自身が、国民意識を強化し、ナショナリズムをより強固なものとした、という点である。

つまり、**シビックプライドを刺激する最善の方法の一つが、「共同プロジェクトを立ち上げ、多くの人々を巻き込みながら、それを進める（そしてあわよくば成功に終わらせる）」というものなのである。**

そういう視点でよくよく考えてみれば、「阪神タイガースの試合を甲子園に見に行って、皆で応援する」というのも、大阪人、関西人の小さな「共同プロジェクト」なのである。そうした共同プロジェクトをやればやるほど、シビックプライドは活性化され、それによってさらにまた次の共同プロジェクトが立ち上げられ——という形で、循環的に展開していく。

それが、「関西の阪神ファン」という現象なのであり、それと同構造のマクロ版が、「所得倍増計画」や「夢の超特急形成プロジェクト」、さらには「東京オリンピック」だったわけである。

◆ハード・インフラ整備においてもシビックプライドの活性化を意識せよ

インフラがシビックプライドと深くかかわりながら発展していくという事例は、何も高度成長期に限った話ではない。

今日ですらそうした「インフラ」それ自身が「シビックプライド」の源泉となっている例は枚挙に暇《いとま》がない。

そもそも「駅」や「港」というインフラは、様々な都市のシンボルとなりシビックプライドの源泉となっている。さらに言うなら、札幌市の大通りや大阪の御堂筋といったシビックプライドの中心地はいずれも「道路インフラ」なのである。

それゆえ、交通インフラの形成にあたっては物理的、無機的な側面だけに着目し、便利であればいい、大量に運べればいい、と考えているだけでは十分ではないのである。それが人々のシビックプライドに直結し、その地のソフト・インフラ形成に多大なる影響を持つ、という点を忘れてはならない。

つまり、ハード・インフラ形成においては地域の風土や文化、そして、それを踏まえた当該インフラ構造物の意匠性（装飾性、デザイン性）に配慮することが必要不可欠である。

例えば、写真8―1に示したような「新幹線と富士山」の構図の写真は、今日の日本を象徴する一枚としてしばしば使われている。

これは、前近代の日本文化を象徴する富士山と、近代の技術立国日本を象徴する新幹線を一つの画面に収めることで、日本とはどういう国なのかを一目でアピールできる、稀有《けう》な構図を持つ写真である。

こうした写真が活用できるのは、新幹線のその車体が、背景の古き良き日本に調和する意匠性・デザイン性を持っているからにほかならない。

もしもその車体の全てが、ピンクや黄色のアニメキャラや、どこかの大企業の広告で覆われていたとしたら、仮に同じ超特急であったとしても、その写真がナショナル・シンボルとして使われるようなことなどありえない。

そうである以上、シビックプライドそのものとなりうる各種の道路や駅、橋梁、各種交通システムなどは、その意匠性・デザイン性において無頓着であってはならないのである。その作り方いかんによっては、シビックプライドの「有無」や「形」が大きく左右されてしまうのである。

写真８―１　日本を象徴する一枚の写真（古き日本を象徴するＦＵＪＩＹＡＭＡと新しい日本を象徴する新幹線）
提供：マシマ・レイルウェイ・ピクチャーズ

◆多くの人々が「まちづくり」を「自分事」として捉えるように

このように、「共同プロジェクト」が、人々のシビックプライドを活性化するのみならず、それを通してハード・インフラがつくり上げられるのなら、そのできあがったものそのものがシビックプライドの源泉となる。そうしたダイナミズムが「まち」や地域共同体といったレベルで「まちづくり」として繰り広げられれば、それは、一人一人の「地域意識」「共同体意識」「コミュニティ意識」の形成と活性化につながっていく。そしてそれがさらに「くにづくり」として繰り広げられれば、「国民意識」「ナショナリズム」の形成と活性化につながっていく。

こう考えれば、「くにづくり」「まちづくり」にかんするインフラ・プロジェクトは、プロ野球やサッカーのワールドカップと同様に、地域意識や国民意識を活性化しうる、極めて強力で、かつ実際的な共同プロジェクトなのである。

むしろ、「観客」としてしか参加しないスポーツよりも、自らの暮らしそのものと直結する形で展開される「まちづくり」「くにづくり」は、より強烈なインパクトを持ちうると言えるだろう。

そうである以上、本書で述べた地方レベルの地方再生プロジェクトから、国土スケールの各地域の大交流圏の形成プロジェクトに至るまでの様々なインフラ・プロジェクトは、一部の政治家や官僚、専門家だけが参与するだけでは、極めて「もったいない」。

もちろん、プロジェクトの合理性を担保するためには、専門外の一般の公衆がかかわることを回避しつつ、徹底的に合理的で定量的な数値計算や分析を専門的に行っておくことが重要だ。

しかし、そうした合理性を厳に担保しながらでも、具体的なインフラの形には、じつに様々な選択肢が残されている。地元の情報を十分加味しなければ、最終的には決定できないような要素が、それぞれのプロジェクトに多様に存在することは間違いないのである。その地にそぐう意匠的なデザイン・コンセプトなどはその典型であるし、それぞれの地にある「シビックプライド」の情報などは、遠く離れた地の専門家には想像もつかぬことであるのが一般的だ。

だから、そうした要素の決定にあたっては、地元の人々が、企業人や学者、そして住民という形でかかわっていく機会を設けていくことが必要なのである。

無論、多くの人々は、そういう機会を設けても、必ずしも意見を言ったりかかわったりはしない、ということが多いのが実態だ。しかしそういう人々についても、そのプロジェクトが、一人一人の暮らしにとってどういう意味があるのかを「知っておいてもらうこと」は、極めて重要だ。そういう知識さえあれば、そのプロジェクトをたんなる他人事ではなく「自分事」として捉えるようにもなってくる。

インフラ・プロジェクトを「くにづくり」「まちづくり」として展開していくにあたっては、もちろん最終的な判断や最低限保証しなければならない合理性については行政や専門家が厳密に執り行っていくことが必要である（それは行政・専門家としての責任だ）。しかし、このように**可能な限り一般の公衆に広く意見を求め、その声に耳を傾け、取り入れるべきも**

のを取り入れると同時に、当該プロジェクトがいかなる意義で進められているものなのかを徹底的に広く公衆に説明していくという姿勢を、行政・専門家側は持たねばならないのである。

そうすることで、より多くの公衆がそのプロジェクトを「自分事」として捉え、たんなる行政プロジェクトから、公衆が参加する「共同プロジェクト」へと昇華していくこととなる。そうなれば（例えば、それが国家プロジェクトならば）、最終的には「国民的プロジェクト」「国民運動」のうねりが生ずることとなるのである（例えば、東日本大震災の復興事業などはそういうものであるし、今日ですら、国土強靭化と呼ばれる巨大地震対策は、本来的にはそういう方向で進みうる可能性を秘めたものである）。

そしてそれを通じて、シビックプライドやナショナリズムといった「ソフト・インフラ」が形成され、活性化されていく。

そうなれば、それぞれのプロジェクトに寄せられる意見もより高度化していくのみならず、それを進めようとする公衆側からの大きなサポートも得られることとなる。こうして、「行政が横車を押して無理矢理進めるプロジェクト」ではなく、「国民が進めようとするプロジェクトのお手伝いを行政が行っている、というプロジェクト」へと大きく質的な転換を果たすことになるのである。

つまり、急がば回れ。

良質のインフラ政策を円滑に進めていくためにも、そのインフラ・プロジェクトを広く公衆に開き、双方向のコミュニケーションを公衆と図っていくことが、最終的には得策なのである。しかもそれによってそのハード・インフラを支えるソフト・インフラが育まれていき、極めて強固で強靭な社会がつくり上げられていくこととなるのである。

ただし――繰り返すが、耳を傾けることと住民の声に全て従うのとは全く異なる。それは公衆を一切無視するのと同じくらいに、愚かなる振る舞いだ。あくまでも是々非々で、そして、法的権限は行政側、政府側にあるという基本的な筋を通した上で、公衆への礼節を決して失わない形で徹底的にオープンにしておくことが求められているのである。

それこそが、ソフトの面でもハードの面でも、より良質なインフラを形成していくために、行政や専門家側に求められている姿勢なのだ。

本書を読まれている政治家、官僚、専門家の方々には是非、ハード・インフラの重要性のみならず、その裏側にあるこのソフト・インフラの存在を忘れぬよう、常に配慮しながら、ハード・インフラの重要性、必要性を毅然と語り続けていただきたいと思う。

終章

「アベノミクス投資プラン」の策定を

二〇一五年六月十二日、麻生財務大臣は、今後、景気が腰折れした場合には、二〇一七年の消費税引き上げはなくなる場合もあるのか、という質問に対して、次のように発言した。

「急激に歳出を落とすことによって、結果的に景気が腰折れしてGDPがマイナスになるとか、何々がマイナスになりますとか、株価も落ちます、と仮に極端な例になった場合は、当然のこととして、それで予定通り二パーセント消費税を上げた時の揺り戻しは、この前（消費税を）三パーセント上げた後の揺り戻しの騒ぎどころではなくなる」

メディアでは、この発言を受け、**「麻生財務大臣は再来年四月の消費税率一〇パーセントへの引き上げについて、その時の景気が悪化していれば中止する考えを示唆しました」**と報道された。

また、麻生大臣は上記発言に加えて、

「消費税の引き上げを中止しないで済むよう二〇一七年までは過度な**歳出の削減はせず、歳**

出の拡大も容認する」

という姿勢を示しているとも同じく報道された。

以上の麻生大臣の発言は、本書の第四章「『アベノミクス投資プラン』が成長と財政再建をもたらす」で、いくつかのデータと一般的な経済政策論に基づいて論じた趣旨と、軌を一にするものである。

つまり、今日の景気の状態、ならびに、消費増税が予定されているという現状を踏まえるなら、「第二の矢＝財政政策」を考えることなく、景気を回復させることなど、ほとんど不可能なのである。

そうである以上、**同じ財政支出を考えるなら、最大限にその財政を効果的に活用しようとする（いわゆる、ワイズスペンディングの）姿勢が、絶対に求められる**こととなる。

そして、そんな姿勢で財政政策を考えるのなら、第七章の最後で論じたような**入念な議論を重ねた末に「アベノミクス投資プラン」を策定し、これを大きく公表していくことが、何**

よりも合理的である、ということになる。

なぜなら、繰り返すが、それを公表することが「期待効果」をマーケットにもたらすからであり、入念な議論に基づく理性的なプランであれば、限られた予算でそのフロー効果やストック効果を最大化することが可能となるからである。

本書では、第一部で、その理論的根拠を論じ、第二部でその具体的な中身を論じた。

我が国が置かれた実情を冷静沈着に眺めれば、東京一極集中は過激に進行し、地方は「消滅」する危機にすら怯《おび》えねばならぬほどに疲弊し、巨大自然災害の危機に直面し、デフレ不況は一向に終わらず、しかも、ギリシャや中国などのさらなる経済危機の影に怯えながら、財政再建が求められている――という、極めて厳しい状況に置かれていることをたやすく見て取ることができる。

こうした実情の中で我が国の安泰と日本国民の安寧を企図するためには、東京一極集中の緩和と国土の強靭化、地方創生、そしてデフレ脱却と財政再建の全てが「**同時**」に求められることになる。そしてそれらを**「同時」**に達成することを可能にさせるのが、リニアを含め各種の新幹線構想を軸とした、「大《だい》大阪圏」や「四大交流圏」を日本各地に形成していくための投資プラン（「アベノミクス投資プラン」）をとりまとめ、これを公表、推進していくというプロジェクトである——これが、本書の主張であった。

もちろん、これを耳にした多くの人々は、本書で何度も何度も指摘したように、次のように嘯《うそぶ》くに違いない。

「今さらインフラなんてもういらない。インフラはもう十分だ」
「そんな無駄金使っても、借金が増えるだけじゃないか」
「もう、公共事業なんかやったって、経済効果なんてないんだよ」
「どうせ、既得権を守りたいだけでそう口にしてるのだろう」

しかし、本書で何度も指摘したように、これらの言説は全て、**事実無根のデマ**である。

ただしここでは、それらがいかなる意味で事実無根のデマであるかは、もう繰り返さない。それについては本書の中で繰り返し論じた通りだ。万一、未だに上記のように感じてしまう読者がおられたとすれば、もう一度本書を読み返していただくことをお勧めしたい。

一方で、今、我々に求められているのは、そうしたデマとは一線を画した**理性的な批判や意見には徹底的に耳を傾けつつ**、少しでも合理性の高い「アベノミクス投資プラン」を策定し、それを実現していくことである。

もちろん、この今日の政治状況、世論環境の中でそれを進めていくことは必ずしも容易なことではない。

しかしそれと同時に、**それは決して不可能なことでもない**のである。

本書冒頭で指摘した通り、スランプに陥った時こそ、王道のセオリーを思い出さねばならない。そして、国家繁栄の王道のセオリーとは、古今東西、「インフラ論」であり続けたのである。

そうである以上、我々は今、あらゆる困難を乗り越え、本当の意味で、日本を取り戻すために、改めて自分たちの足元にある「インフラ」を見直し、そのあり方を論じ、果敢にその実現を目指していくことが求められているのである。本書『超インフラ論』ではまさにそういう議論を論じた。

筆者は、本書で論じた議論が公論として広く共有されればされるほどに、地方消滅やデフレといった閉塞感にまみれた日本の陰鬱な空気が、徐々に晴れていくに違いない、と確信している。なぜなら、我々平成日本人は、王道中の王道のセオリーであるインフラ論を隠蔽《いんぺい》し続けてきたからこそ、これほどまでに深い閉塞感に覆われてしまうこととなっているからである。

それはつまり、**我が国では、インフラ論をめぐる「沈黙の螺旋」が濃厚に回り続けていることを意味している。**

だからこそ、その沈黙の螺旋が打ち破られ、今求められるインフラ論を自由に語り合う言論空間がつくられることこそが、必要とされているのである。

ついては筆者は、本書が「シロアリ論」にまみれた旧態依然としたインフラ論を乗り「超」え、まっとうな議論に支えられたインフラ論の形成にいくばくかでも貢献しうることを祈念している。そしてそれを通じて、多くの人々が忘れかけている、明るい希望ある日本の将来がおぼろげにでも見出されんことを、心から願いたい。

おわりに

本書の執筆にとりかかったのは、平成二十七年の五月十七日の「大阪都構想」の住民投票が、反対多数で否決された直後の五月下旬頃だった。

「大阪都構想」は、橋下徹氏（大阪市長かつ大阪維新の会代表）が、大阪を蘇らせるために提案していた「行政改革」の名称だ。

しかしその構想には巨大な欠陥があった。

「インフラ論」が全く欠如していたのである。

インフラ論など無くても大阪が蘇るのなら、当方ももちろん、大いに賛成したいと思う。

そもそも、インフラを整えていくには時間も調整コストも膨大にかかる。しかも、今の世論環境の下では、大きな反発、バッシングにもさらされる。だからインフラ論を抜きにしてお手軽に大阪を救うことができるなら、それに越したことはないわけだ。

しかし、現状を冷静に分析すれば、適切なインフラ投資以外に、大阪を救う手立てなどどこにもないことは明々白々だった。

だから筆者は、「大阪都構想」の行政制度的な欠陥を指摘すると同時に、その「対案」として、新幹線インフラ投資を軸とした「大大《だい》阪構想」を提唱したのであった。

しかしこの「大大《だい》阪構想」に対しては、賛同の声のみならず、批判の声も多く聞かれた。例えば典型的には、次のような声を頻繁に耳にした。

「藤井さんの意見にはおおよそ賛同するけど、最後の『大大《だい》阪構想』のインフラ論のところだけは、賛成できないなぁ」

これは多分に、「インフラ」についての「世間的誤解」あるいは、事実無根の「デマ」が、広まりきっていることが原因だ。その点については本文の中でも繰り返し指摘した通りだ。

だから、大阪を豊かにするためには、インフラを巡るあらゆる「デマ」について、それらが「デマ」に過ぎないことを明らかにし、インフラを巡る正しき認識を広めていくことが何よりも求められているのではないかと考えたのだった。

しかもそれは大阪や関西に限った話ではない。北海道も東北も北陸も、四国も中国も九州も沖縄も、あらゆる「地方」を「再生」「創生」するためには、抜本的なインフラ投資を進めることが必要不可欠であることは明白だった。しかし、インフラを巡るあらゆるタイプの「デマ」のせいで、適切かつ合理的な投資が一向に進められず、あらゆる地方が疲弊し、挙げ句に、日本全体のデフレが進行し、それを通して、財政も悪化してしまっているのである。

こうした実情を鑑みて筆者は、地方消滅を避け、明るい日本の未来を手に入れるためには、ここ二十年、三十年の間繰り返されてきた、デマにまみれたインフラ論を「超」越した、経済政策や財政再建、「沈黙の螺旋」を含めた社会学、政治哲学的な議論を含めた、新しいタイプのインフラ論、すなわち、『超インフラ論』が何よりも求められているに違いないと確信したのだった。

そしてもちろん、そういう議論は少しでも早く世間に公表しなければ、その間にも、各地方と日本全体の疲弊はますます進行してしまうことは明白だ。
ついては筆者は、都構想の住民投票が終わり、その事後的な整理を終えた五月下旬頃から執筆にとりかかり、おおよそ二週間で本書をまとめることとしたのである。

なお、筆者は今から五年前、『公共事業が日本を救う』（文春新書）という書籍を出版し、公共事業を巡る「真実」を様々な観点から論じた。本書の議論は、そんな議論の一部を引き継いだものでもあるが、様々な側面でそれを大きく「超」越するものである。

本書では、かつて論じていなかった様々な社会科学的な側面や、これまで紹介していなかった様々な新しいデータを紹介しつつ、インフラの問題を多面的、包括的に論じた。そして何より、現在政治によって進められている（そして、当方が現在、内閣官房参与としてアドヴァイス差し上げている）アベノミクスや地方創生、国土強靭化、そして財政再建計画といった様々な政策展開を踏まえた具体的な「投資プラン」を論じた。

本書のとりまとめにあたっては、ＰＨＰ新書の大岩央氏はじめ、じつに多くの方々からご支援いただいた。そうした様々なご支援に報いるためにも、本書の議論がデマにまみれた旧いインフラ論を超えて「二十一世紀の新しいインフラ論」の原型とならんことを、そして、本書の議論を契機として、全国各地に実際に大交流圏が形成され、地方が創生・再生され、デフレ脱却と財政再建が同時に達成されんことを、心から祈念しつつ、本書を終えることとしたい。

京都大学大学院教授・内閣官房参与　藤井聡

PHP新書

PHP INTERFACE
http://www.php.co.jp/

藤井聡［ふじい・さとし］

1968年奈良県生まれ。京都大学工学部卒、同大学院工学研究科修士課程修了後、同大学助手、スウェーデン・イエテボリ大学心理学科客員研究員、東京工業大学助教授、教授を経て、2009年より京都大学教授。専門は公共政策論、都市社会学。同大学院工学研究科教授。内閣官房参与(防災・減災ニューディール)。表現者塾(発言者塾・西部邁塾長)元塾生。03年土木学会論文賞、05年日本行動計量学会林知己夫賞、06年「表現者」奨励賞、07年文部科学大臣表彰・若手科学者賞、09年日本社会心理学会奨励論文賞、同年度日本学術振興会賞等を受賞。著書に『大阪都構想が日本を破壊する』(文春新書)、『〈凡庸〉という悪魔』(晶文社)等多数。

超インフラ論 地方が甦る「四大交流圏」構想

(PHP新書 998)

二〇一五年七月二十九日 第一版第一刷

著者――藤井聡
発行者――小林成彦
発行所――株式会社PHP研究所
東京本部――〒135-8137 江東区豊洲5-6-52
新書出版部 ☎03-3520-9615(編集)
普及一部 ☎03-3520-9630(販売)
京都本部――〒601-8411 京都市南区西九条北ノ内町11
組版――株式会社PHPエディターズ・グループ
装幀者――芦澤泰偉＋児崎雅淑
印刷所
製本所――図書印刷株式会社

ISBN978-4-569-82634-9

ＰＨＰ新書刊行にあたって

「繁栄を通じて平和と幸福を」（PEACE and HAPPINESS through PROSPERITY）の願いのもと、ＰＨＰ研究所が創設されて今年で五十周年を迎えます。その歩みは、日本人が先の戦争を乗り越え、並々ならぬ努力を続けて、今日の繁栄を築き上げてきた軌跡に重なります。

しかし、平和で豊かな生活を手にした現在、多くの日本人は、自分が何のために生きているのか、どのように生きていきたいのかを、見失いつつあるように思われます。そして、その間にも、日本国内や世界のみならず地球規模での大きな変化が日々生起し、解決すべき問題となって私たちのもとに押し寄せてきます。

このような時代に人生の確かな価値を見出し、生きる喜びに満ちあふれた社会を実現するために、いま何が求められているのでしょうか。それは、先達が培ってきた知恵を紡ぎ直すこと、その上で自分たち一人一人がおかれた現実と進むべき未来について丹念に考えていくこと以外にはありません。

その営みは、単なる知識に終わらない深い思索へ、そしてよく生きるための哲学への旅でもあります。弊所が創設五十周年を迎えましたのを機に、ＰＨＰ新書を創刊し、この新たな旅を読者と共に歩んでいきたいと思っています。多くの読者の共感と支援を心よりお願いいたします。

一九九六年十月

ＰＨＰ研究所

［**政治・外交**］

318・319 憲法で読むアメリカ史（上・下） 阿川尚之
326 イギリスの情報外交 小谷 賢
413 歴代総理の通信簿 八幡和郎
426 日本人としてこれだけは知っておきたいこと 中西輝政
631 地方議員 佐々木信夫
644 誰も書けなかった国会議員の話 川田龍平
667 アメリカが日本を捨てるとき 古森義久
686 アメリカ・イラン開戦前夜 宮田 律
688 真の保守とは何か 岡崎久彦
729 国家の存亡 関岡英之
745 官僚の責任 古賀茂明
746 ほんとうは強い日本 田母神俊雄
795 防衛戦略とは何か 西村繁樹
807 ほんとうは危ない日本 田母神俊雄
826 迫りくる日中冷戦の時代 中西輝政
841 日本の「情報と外交」 孫崎 享
874 憲法問題 伊藤 真
881 官房長官を見れば政権の実力がわかる 菊池正史
891 利権の復活 古賀茂明
893 語られざる中国の結末 宮家邦彦
898 なぜ中国から離れると日本はうまくいくのか 石 平
920 テレビが伝えない憲法の話 木村草太
931 中国の大問題 丹羽宇一郎
954 哀しき半島国家 韓国の結末 宮家邦彦
964 中国外交の大失敗 中西輝政
965 アメリカはイスラム国に勝てない 宮田 律
967 新・台湾の主張 李 登輝
972 安倍政権は本当に強いのか 御厨 貴
979 なぜ中国は覇権の妄想をやめられないのか 石 平
982 戦後リベラルの終焉 池田信夫
986 こんなに脆い中国共産党 日暮高則
988 従属国家論 佐伯啓思
989 東アジアの軍事情勢はこれからどうなるのか 能勢伸之
993 中国は腹の底で日本をどう思っているのか 富坂 聰

［**宗教**］

123 お葬式をどうするか ひろさちや
210 仏教の常識がわかる小事典 松濤弘道
300 梅原猛の『歎異抄』入門 梅原 猛
834 日本史のなかのキリスト教 長島総一郎
849 禅が教える 人生の答え 枡野俊明
868 あなたのお墓は誰が守るのか 枡野俊明
955 どうせ死ぬのになぜ生きるのか 名越康文